致密砂岩气藏地质评价与开发一体化技术

杨　宇　刘荣和　张昊天　孙晗森　著

科学出版社

北京

内 容 简 介

本书主要讲述了致密砂岩气地质评价与开发一体化技术，包括致密砂岩气藏储层评价方法、测井解释方法、储层构型及储量计算、储层的渗流与试井特征、开发技术政策、数值模拟方法和经济评价方法等内容。

本书主要作为从事气藏开发工作的技术人员和相关院校的学生学习参考用书。

图书在版编目(CIP)数据

致密砂岩气藏地质评价与开发一体化技术／杨宇等著. --北京：科学出版社, 2024. 9. -- ISBN 978-7-03-079368-3

Ⅰ. TE343

中国国家版本馆 CIP 数据核字第 2024T5P896 号

责任编辑：焦　健　张梦雪／责任校对：何艳萍
责任印制：肖　兴　／封面设计：无极书装

科 学 出 版 社 出版

北京东黄城根北街 16 号
邮政编码：100717
http://www.sciencep.com
北京天宇星印刷厂印刷
科学出版社发行　各地新华书店经销
*
2024 年 9 月第 一 版　开本：787×1092　1/16
2024 年 9 月第一次印刷　印张：10 3/4
字数：255 000
定价：118.00 元
(如有印装质量问题，我社负责调换)

作者名单

杨　宇　　刘荣和　　张昊天　　孙晗森

朱绍鹏　　段　策　　陈　林　　吴　翔

李　军　　罗　勇　　张　豪　　张青锋

刘世界　　何　健　　袁　权　　胡艾国

彭小东　　邓美洲　　吕新东　　李佳欣

刘　鑫　　张　骞　　刘建国　　欧家强

黄东杰　　常菁铉　　王　英　　颜　平

序

当前，中国正在深入推动能源革命，有序推进碳达峰碳中和，油气生产稳步向清洁低碳、安全高效转变。天然气作为相对低碳清洁的基础能源，消费需求大幅提升。天然气开发生产主要包括常规天然气、页岩气、致密气和煤层气四大领域。近年来，勘探开发技术不断进步，推动了致密气勘探开发的进程，致密气已经成为全球非常规天然气勘探开发的重要领域之一。

我国天然气工业在四川盆地发展起步，在致密气工业规模开发上也同样走在前列。从19世纪80年代开始，就开始对蓬莱镇组、沙溪庙组等致密气地层进行勘探评价，揭开了四川盆地致密气生产的序幕。在鄂尔多斯盆地，已建成了我国最大的致密气田——苏里格气田。在"双碳"目标下，四川盆地致密气开发已迎来黄金期，在川西、川中地区先后发现了中江、秋林和天府等气田，通过地质精细描述、水平井分簇分段加砂压裂等创新技术的应用，实现了更高质量的致密气开发。

纵观国内外致密气开发历程，致密气开发从无经济效益，到边际经济效益，再到高质量效益开发，得益于石油天然气工业技术的不断创新，得益于勘探开发工程一体化，得益于科学高效的生产管理。《致密砂岩气藏地质评价与开发一体化技术》的作者既有长期从事致密气开发的高校教师，也有在现场负责生产的管理人员，具有丰富的科研和生产经验，系统介绍了致密气评价与开发的相关技术与方法，使得该书成为一部地质与工程结合、理论与实践结合的专业参考书。

《致密砂岩气藏地质评价与开发一体化技术》的出版，对加快我国致密气的开发利用具有很大的推动作用。借该书出版之际，祝愿广大石油天然气科技工作者不断创新，不断进步，为促进我国早日实现碳达峰碳中和做出更大的贡献。

陈志宏

2024 年 5 月 7 日

前　　言

致密砂岩作为非常规天然气资源的重要组成部分，具有资源分布广、勘探风险小、投资少和见效快的优点。致密砂岩气藏的开采为工业和民用提供了一种优质洁净的能源，具有巨大的经济和社会价值，已成为非常规油气开发中最为活跃的领域之一。

本书在编写过程中，主要参考了四川盆地和鄂尔多斯盆地致密砂岩气藏的成功经验。本书在内容选择上，注重将基础理论与方法阐述得浅显易懂，并尽量阐述国内外最新技术的发展。全书分为7章：第1章是致密砂岩气藏储层评价方法；第2章是致密砂岩气藏测井解释方法；第3章是致密砂岩气藏储层构型及储量计算；第4章是致密气储层的渗流与试井特征；第5章是致密气藏开发技术政策；第6章是致密气藏数值模拟方法；第7章是致密气藏开发项目经济评价方法。杨宇、刘荣和、张昊天、孙晗森为本书主要著者。从事致密气开发研究的朱绍鹏、刘世界、胡艾国、陈林、袁权等专家参与了书稿的讨论，吕新东、段策、彭小东、邓美洲等参与了书稿的修订。张城玮、颜平、杨琛、徐启林、李海福、江良伟、魏之焯、魏欣鹏和万啸宇承担了图表的绘制工作。

本书在编写过程中，得到了成都理工大学、油气藏地质及开发工程全国重点实验室和中国地质大学的周文、闫长辉、何勇明和康志宏教授，以及阿德莱德大学（The University of Adelaide）石油学院 Haghighi 教授的支持。斯伦贝谢（Schlumberger）公司为成都理工大学提供了 Techlog、Petrel 等教学软件，在此一并表示衷心的感谢，同时也向书中引用文献的作者表示感谢。

《致密砂岩气藏地质评价与开发一体化技术》的编写目的是将致密砂岩气开发评价技术系统地介绍给从事气藏开发工作的技术人员和相关院校的本科高年级学生，为从事气藏管理工作打下较为牢靠的基础。

由于编写人员水平有限，本书难免存在不妥之处，敬请使用本书的师生和技术人员批评指正。

作　者

2024 年 4 月 20 日

目 录

第1章　致密砂岩气藏储层评价方法

我国的致密砂岩气储层具有多旋回构造演化、陆相成因砂体为主、单层厚度薄、砂体横向变化快、非均质性明显等特征，致密砂岩气藏的自然产能通常较低，或无自然产能，需要寻找致密背景下局部高孔渗带的"甜点"，并通过水力压裂才能形成有效产能。因此，与传统气藏相比，以层序地层格架、沉积微相、孔喉结构等为基础的地质"甜点"评价和以岩石力学、脆性、地应力为基础的工程"甜点"评价显得格外重要。

1.1　高分辨率层序地层格架

1.1.1　高分辨率层序地层理论

高分辨率层序地层学是以成因地层为基础，运用基准面与可容纳空间变化的理论和地质过程–沉积响应动力学原理，将基准面变化过程中导致的可容纳空间变化与沉积物沉积过程–响应特征相结合的层序地层研究方法（张尚锋，2003）。高分辨率层序地层学处理的观测尺度通常低于地震勘探分辨率，其以岩心、露头、测井、高分辨率地震反射剖面资料为基础，运用精细层序划分和对比技术，将钻井的一维信息变为三维地层关系预测的基础，建立区域、油田乃至油藏级的高精度地层对比格架，在成因地层格架内对地层，包括小层、储层和隔层进行评价和预测的一项理论和技术。

高分辨率层序地层学理论基于成因地层分析的沉积基准面、沉积物体积分配、相分异三个基本原理和一个法则（邓宏文等，2002）。

（1）沉积基准面原理：沉积基准面是一个潜在的势能平面，它描述了可容纳空间变化与地表侵蚀、搬运与沉积过程之间的能量平衡（图 1-1）。可容纳空间与沉积物补给比值（A/S）单一方向增加与减小的地层旋回变化记录了基准面旋回。

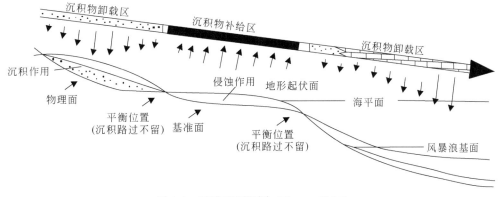

图 1-1　基准面原理图（Cross，1994）

（2）沉积物体积分配原理：指在基准面变化期间，相域内不同沉积物体积的保存作用。沉积物体积分配控制影响着沉积相类型、沉积相组合、沉积相演化序列与原始地貌的保存程度、岩石物性、地层结构以及旋回的对称性（图1-2）。

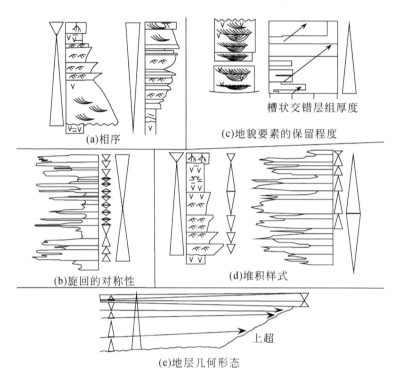

图 1-2　基准面旋回的识别标志（邓宏文等，2002）

（3）相分异原理：相分异有两种类型，一种是在不同的 A/S 情况下，占据沉积剖面相同环境或地理位置的地貌要素的变化；另一种是原始地貌要素保存的程度及其相对比率的变化。实质上，相分异在很大程度上是基准面相对于地表升降过程中遵循物质守恒定律的沉积物体积的分配作用结果。

（4）旋回等时对比法则：在地层记录中，基准面旋回留下了能够反映这部分地层所经历时间的高分辨率"痕迹"。地层记录中不同级次的地层旋回，即地层的旋回性是基准面相对于地表位置变化所产生的沉积作用、侵蚀作用、沉积物过滤和沉积不补偿造成的非沉积作用间断面（或饥饿面）等，随时间发生空间迁移过程和地层响应的特征，记录了相应级次的基准面旋回过程。因此，高分辨率层序地层的划分与对比，是依据伴随基准面旋回和可容纳空间变化过程所导致的岩石记录的地层学和沉积学特征的过程–响应原理进行的，层序的对比是通过相序变化划分不同级次的基准面旋回和识别垂向剖面上各级次层序的位置及边界，进而分析连续的层序在空间上的排列（或叠加样式）和相互关系，在此基础上实现层序地层之间的等时对比，这一研究思路和技术方法即称为旋回等时对比法则。

郑荣才等（2000，2001）归纳和总结了基准面旋回的结构叠加样式与沉积动力学的关系，解释了层序结构、层序叠加样式与可容纳空间/沉积物补给比值（A/S）的变化，基于基准面升降幅度及沉积动力学条件的相互关系，提出了"巨旋回、超长期旋回、长期旋回、中期旋回、短期旋回、超短期旋回"的划分方案，建立了各级次旋回的划分标准和厘定了各级次旋回的时间跨度（表1-1）。

1.1.2　高分辨率层序地层的研究思路及工作流程

高分辨率层序地层用于地层单元划分与对比的关键在于建立高时间精度的等时地层单元划分对比方案，将相同时代形成的岩层纳入相关年代的地层对比格架中。郑荣才等（2010）基于中国中部、东部和西部众多中新生代陆相含油气盆地沉积体系的复杂性，提出针对陆相层序地层学的高分辨率层序地层学理论及其技术方法。如图1-3所示，充分利用地表露头和岩、电、震资料进行综合研究，可按以下几个步骤开展研究。

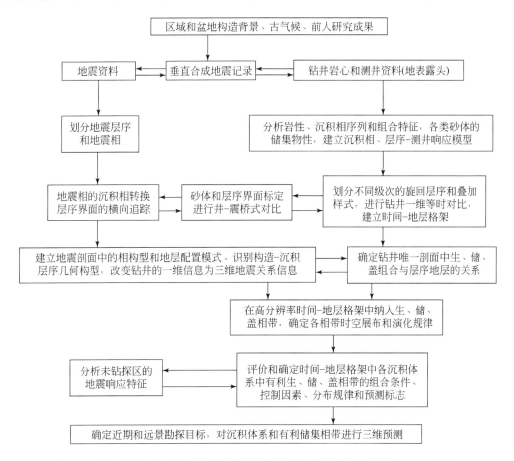

图 1-3　陆相含油气盆地高分辨率层序研究思路和工作流程（据张铭，2003 修改）

（1）利用地表露头和钻井岩心资料的直观性，研究相关层序的岩性和古生物组合，沉积构造、沉积相和沉积序列、界面类型、旋回结构和叠加样式，以及烃源岩的成熟度、生油指标和各类砂体的储集物性等内容。鉴于钻井取心一般较少，以建立取心段中、短期旋

表 1-1 基准面旋回界面类型划分和基本特征 (郑荣才等, 2010)

基准面旋回级次	界面类型	时限范围/Ma	层序定义	成因	产状及等时性	主要识别标志		
						地表和岩心剖面	测井剖面	地震剖面
巨旋回	I类	30~100(视盆地延而定)	包括盆地演化各阶段的、原形盆地完整的沉积充填序列	区域构造运动	穿越盆地边界的区域构造不整合面,具大幅度穿时性	风化壳、底砾岩,角度不整合或其下伏地层大套缺失的假整合	各项测井参数的突变面	大型构造削截面、沉积超覆面、角度不整合面
超长期旋回	II类	10~50	以盆地演化各阶段单位构造演化序列(或构造层序、构架层序)	与盆地构造演化各阶段相关的应力场转换有关	遍及盆地和对应构造演化阶段的整合面,具较大幅度的穿时性	风化壳、底砾岩,下伏地层部分分缺失的假整合、岩性、岩相的突变面	反映不同沉积体系和不同测井相组合的转换面突变面	盆地范围内的大型构造削截蚀面、沉积超覆面微角度或假整合
长期旋回	III类	1.6~5.25	一套具较大水深变化幅度的、彼此间成因联系的区域地层系所组成的湖进-湖退沉积序列	与同一构造演化阶段中的次级构造活动和幕式变化有关	限于盆地范围的次级构造和相关不整合面,具的穿时性	古暴露标志、大型冲刷间断面或侵蚀面,岩性、岩相突变面	反映同一或相邻沉积体系的大套进积→退积组合的测井相转换面、突变面	限于盆地边缘的构造削截面、沉积超覆面,反映地层不协调关系的连续强反射面和反射终止类型
中期旋回	IV类	0.2~1	一套水深变化幅度不大的、依此间成因切的岩相地层叠加成的湖进-湖退沉积序列	与偏心率周期中气候波动引起的基准面升降和物质供给变化有关	局部发育的沉积相关面和相关整合面,较大范围内具较好的等时性	同歇暴露面,较大规模的冲刷面,岩性、岩相的突变面或渐变面	反映同一沉积体系中相似或相邻相的进积→退积或退积→进积组合的测井相转换面、突变面	未作特殊处理的剖面中很难识别,或表现为地震反射结构变化型转换面,地震相类型
短期旋回	V类	0.04~0.16	一套具低幅水深变化的、彼此间成因相似岩性、或由相岩地层组成的湖进-湖退沉积序列	与岁差周期中气候波动引起的基准面升降和A/S值变化有关	局部发育的沉积相关面和非沉积相关面及整合面等、块内基本等时性	同期暴露面、小型冲刷作用和非沉积相似断面,相似岩性、岩相组合的分界面	反映韵律性沉积旋回的进积→退积组合的测井相转换面	一般不能识别
超短期旋回	VI类	0.02~0.04	一套代表最小成因单元的单一岩性的叠加样式	与岁差周期中气候波动引起的基准面升降和A/S值变化有关	分布范围有限的相关断面和非沉积作用面,主体为岩性面,区块内相等时	小型冲刷断面、非沉积作用面、相似岩性、岩相组合的地层分界面	反映单一岩性组合的进积、退积或加积沉积的测井相转换面	不能识别

回层序的测井相特征作为解释非取心段旋回层序的模型。

（2）利用测井资料垂向高分辨率的地层旋回性、可划分性和区域对比性，研究单井剖面的沉积相序列和中期、长期和超长期旋回层序的划分和叠加样式，识别和标定各类主要界面的性质、位置和等时对比意义，如层序界面、初始湖泛面、最大湖泛面等。以分析不同相带的中期旋回层序的测井相响应特征和一维剖面的旋回层序特征，并以油田范围内的等时对比为重点。

（3）利用地震资料的纵向连续性、垂向变化的规律性和几何形态的可解释性，研究主要反射界面的层序界面性质和地质属性，根据不同沉积体系的地震相特征、几何形态和识别标志，建立地表露头-钻井-地震剖面中的层序划分和对比关系模型，分析中期、长期和超长期旋回层序中具有等时对比意义的沉积体系时空展布规律，在较大范围内可将单个钻井的一维信息有效地转换为多个钻井和地震剖面中的二维信息，乃至三维空间的地层关系信息，以此作为编制高精度地层格架图和沉积相平面分布图的基础。

建立不同地区或相带的相构型和地层配置模式，并将其纳入高时间对比精度的层序地层格架中，赋予 R-T 旋回过程中的沉积体系域含义，讨论 R-T 旋回与山-盆转换或盆-山耦合的关系。

在深入研究地层配置关系和展布规律的前提下，对各沉积体系域的相构型进行细致分析，特别是对拼合砂体、带状水道化砂体、煤层，以及较深水相的暗色泥页岩等具有重要环境和油气地质意义的成因地层单元的纵横向组合特征进行研究，将有利的生、储、盖岩相组合标定在高分辨率时间-地层格架中。

注意构造与沉积充填作用和不同级次的基准面旋回演化的关系，识别和划分不同构造活动期或各活动阶段中长期或超长期旋回的构造层序的几何构型与边界终止方式，常见的几何构型与边界终止方式有如下几种：①裂陷作用形成的超长期或长期旋回充填层序为箱形，边界为双断型终止方式；②拗陷作用形成的充填层序为扁豆形，边界为双向超覆型终止方式；③逆冲加载沉降作用形成的充填层序为楔形，边界为单断中止-超覆型终止方式；④充填补齐作用形成的充填层序为席状披覆形，边界为周缘超覆型终止方式。

1.1.3　小层对比的一般方法

由于对比范围较小，层段较薄，小层对比主要是在层序地层学原理的指导下，采用岩石地层学方法进行对比，充分应用标志层、旋回性、岩性组合等，采用"旋回对比、分级控制"的原则（吴元燕等，2005）。

1. 建立典型井剖面

典型井的条件是位置居中，地层齐全，具有较全的岩心录井资料和测井资料。可由它建立油田综合柱状剖面，确定对比标志，并建立岩性和电性关系图版。然后，应用地球物理测井曲线开展小层的分层对比。在断层发育的地区，典型井剖面也可由几口资料齐全的井分段组合而成。

2. 建立对比剖面

首先建立过典型井的骨架剖面，此剖面一般选择沿岩性变化小的方向展开，这样容易建立井间相应的地层关系，然后从骨架剖面向两侧建立辅助剖面以控制全区。如果在 1 个三级构造上，为了掌握横向上小层变化规律，首先挑选沿构造轴线的各井进行对比，然后适当选几条垂直构造轴线的剖面参加对比，最后，以骨架剖面上的井作控制，向四周井作放射井网剖面对比。

3. 选择对比基线

由于受构造运动的影响，含油气岩系中的各小层单元在各井剖面上的位置相差往往较大。选择水平对比基线可以消除构造等因素的影响，使各井剖面中的油气层都处于沉积状态，以便观察油气层在纵横向上的变化。在实际工作中，一般选择标志层的顶面或底面作为对比基线，或者以已有的、多井共有的确定性地层界线为对比基线。

4. 井间对比，多井闭合

纵向上按沉积旋回的级次，由大到小逐级对比，由小到大逐级验证。横向上由点（井）到线（剖面），由线到面（全区）的对比，反过来再由面到线，由线到点验证。多次反复，使得各井地层界限平面闭合，以确保小层对比的精度。

致密砂岩储层主要发育于河流、三角洲沉积体系，水下河道或分流河道迁移、叠置导致河道砂体在横向上连续性差，垂向上单层厚度通常较薄。为了更准确控制单层厚度、层间对接关系，通常结合野外剖面或者密井网刻画，建立河道的几何模型，并在此基础上开展小层对比工作。

1.2 沉积相特征及识别

致密砂岩的成因可以分为构造运动、沉积过程及成岩作用（于兴河等，2015）。沉积过程是控制原始孔隙的直接影响因素，也是形成致密砂岩储层的基本条件；成岩作用则是形成低孔、低渗的关键。早期的成岩作用与原始沉积环境及其沉积物密切相关。对比中美主要致密砂岩气储层盆地的沉积环境（表 1-2）可知，致密砂岩气储层几乎全部形成于三角洲沉积环境。

1.2.1 沉积相特征

贾超（2018）认为三角洲的形成、发育和形态特征主要被河流作用和蓄水体（海洋、湖泊等）能量的相对强度所控制（表 1-3）。根据河流、波浪和潮汐作用的相对强度来划分三角洲（表 1-4），将三角洲分为河控三角洲、浪控三角洲、潮控三角洲以及各种中间类型。此外，根据平原河流类型、沉积物颗粒大小以及物源区和沉积区之间的关系，三角洲又可以划分为三种类型：扇三角洲、辫状河三角洲以及正常三角洲。三角洲可以进一步

表1-2　中美主要盆地致密砂岩气地质特征参数统计（于兴河等，2015）

盆地名称	层位	地层年代	目的层埋深/m	目的层厚度/m	孔隙度/%	渗透率/mD①	地层压力/MPa	含水饱和度/%	含气饱和度/%	与煤层关系	沉积环境
丹佛	Muddy	下白垩统	2070~2830	50~100	8.0~12.0	0.050~0.005	异常低压	44.0	56.0	发育白垩纪—古近纪煤层	三角洲前缘，滨岸滨海平原，砂坝和港湾
圣胡安	Mesavende	上白垩统	1677~1900	121~274	9.5	0.500~2.000	异常低压	34.0	66.0		三角洲
阿巴拉契亚	Clinton-Medina	白垩系	1220~1829	46	5.0~10.0	<0.100	低压	自由水饱和度高	—		
鄂尔多斯	盒8	中—二叠统	2850~3600	45~60	6.0~12.0	0.880	26.00	36.0	63.7	下部有煤	辫状河三角洲
	山1	下二叠统	2900~3700	40~50	6.6	0.670	25.00	37.0	63.2	夹煤层	曲流河三角洲
	山2		2500~3000	40~60	6.2	0.150~1.200	27.20	26.0	74.5		
四川	须2	上三叠统	2000~2200	60~100	6.0~10.0	0.100~0.800	30.64	39.2	60.0	与须1段、须3段和须5段形成"三明治"结构	三角洲
	须4		2300~2650	72~129	2.0~11.0	0.380	超压	44.0	56.0		
	须6		1860~2560	94~172	1.0~8.0	0.100~0.130	21.63	46.0	53.7		河道和水下分流河道

① 1mD=10^{-3} μm²。

表 1-3 不同类型三角洲的主要沉积特征（据贾贾超，2018 修改）

沉积特征	扇三角洲	辫状河三角洲	正常三角洲
沉积相位置	紧邻物源区，地形较陡陆地进入盆地边缘	距物源区较近的、地形较陡陆的盆地边缘	远离物源区的、地形较缓陆入盆地边缘
形成三角洲的河流类型、水流性质	冲积扇直接进入盆地，牵引流和泥石流	较近物源的辫状河流入盆地，牵引流	源远流长的曲流河进入盆地，牵引流
沉积岩性和杂基	砂砾岩及杂色泥岩，杂基含量高，不稳定成分多	砂砾岩及灰绿色泥岩，杂基含量高，不稳定成分多	砂岩和暗色泥岩，杂基含量低，稳定成分多
沉积结构	粗粒，混杂结构，分选磨圆差	粒粗，分选磨圆中等	细粒，分选磨圆较好
沉积构造	冲刷面、块状构造不清楚交错层理，干裂，雨痕	冲刷面，大型槽状和板状交错层理	多种交错层理、平行层理、波状层理、上攀层理、植物根
平原沼泽特征	不发育沼泽	局部发育沼泽	发育沼泽
河口砂坝	不发育河口砂坝	不太发育河口砂坝	发育河口砂坝
沉积旋回特征	发育多个间断正韵律	发育多个间断正韵律	发育反韵律、复合韵律
地震相	较为杂乱反射的楔形	具前积反射的楔形	典型前积反射
砂体形态	平面扇形，规模小，向盆地中央延伸距离短（几千米）	发育辫状河道，平面或舌形，向盆地中央延伸几千米；剖面板状、楔状	平面鸟足状或条带状，规模大，向盆地中央延伸；剖面楔形、透镜状
亚相	扇三角洲平原 / 扇三角洲前缘 / 前扇三角洲	辫状河三角洲平原 / 辫状河三角洲前缘 / 前辫状河三角洲	三角洲平原 / 三角洲前缘 / 前三角洲
微相	分流河道，漫滩沼泽；水下分流河道，水下分流河道间，河口坝，前缘砂；前三角洲	辫状河道，越岸沉积；水下分流河道，水下分流河道间，河口坝，远砂坝；前三角洲	分支河道，天然堤，决口扇，沼泽，淡水湖泊；水下分支河道，水下天然堤，支流间湾，河口坝，远砂坝；前三角洲泥，滑塌浊积扇

划分为三角洲平原、三角洲前缘和前三角洲三个亚相和诸多微相。

表 1-4　不同类型三角洲的主要沉积特征

类型	河控三角洲	浪控三角洲	潮控三角洲
形态	长状-朵状	弓形	河口湾-不规则
河道类型	直的-弯曲的分流	曲流河分流	直张开的-弯曲的分流
总成分	砂质至混合质	砂质	可变
格架相	河砂及分支流河口砂坝，三角洲前缘席状砂	海岸障壁和海滩脊砂	河口湾充填和潮汐砂坝
格架走向	平行于沉积斜坡	平行于沉积走向	平行于沉积斜坡

　　一个完整的正常三角洲沉积体系底部为前三角洲泥，向上依次出现三角洲前缘砂和粉砂，最上面覆盖着三角洲平原的较粗粒的分支流河道沉积和细粒沼泽沉积，大体上为下细上粗的反旋回沉积序列，即进积型沉积序列。

　　一个完整的建设型扇三角洲连续的沉积层序自下而上为：前扇三角洲泥岩→扇三角洲前缘末端粉、细砂岩→扇三角洲前缘河道砂岩、含砾砂岩→扇三角洲平原砂砾岩和砾岩。扇三角洲平原可以在洪水期间和在风暴间歇期侵蚀海底后的回流过程中迅速向海推进，推进作用会在扇三角洲平原产生从细粒的陆棚砂至粗砾石层的不规则的向上变粗的序列，断陷湖盆扇三角洲沉积也常见进积型向上变粗的反韵律序列。

　　辫状河三角洲垂向沉积序列具有两种韵律结构，一是向上变细的退积型辫状河三角洲，剖面上表现为多个水流作用由强至弱向上变细的正韵律组合；二是向上变粗的进积型辫状河三角洲，由多个向上变粗的沉积旋回组成。以进积型辫状河三角洲垂向层序更为常见，其完整的层序由上而下表现为：辫状河→滨浅湖→辫状河三角洲平原亚相→辫状河三角洲前缘亚相→辫状河前三角洲亚相。由于水动力条件和古地形条件的变化，辫状河三角洲垂向层序往往保存不完整，常以平原亚相和前缘亚相呈互层沉积出现在剖面上。

1.2.2　测井识别

　　测井曲线作为特定沉积环境下形成的沉积物的地球物理响应，可以提供沉积层序、沉积韵律多方面准确的信息，作为分析沉积微相的依据。可用的描述参数有曲线的形态、幅度、顶底面曲线形态变化、光滑度、齿中线组合方式以及多层组合时的形态和幅度包络线等，不同的沉积体系的沉积层序具有不同的曲线特征。谭廷栋（1988）利用七个要素的测井标志帮助识别沉积相（图 1-4）。

　　现将正常三角洲沉积体系中各个微相的测井响应特征介绍如下。

　　1）水上分流河道微相

　　水上分流河道微相底部有冲刷面，侵蚀面向上为砾岩，中部砂岩上部为粉砂等，正粒序。SP 曲线中-高幅，钟形或箱形（均质），底部突变，顶部为加速渐变，齿中线内收敛，光滑或齿化（沉积时含夹层，有非均质层）。

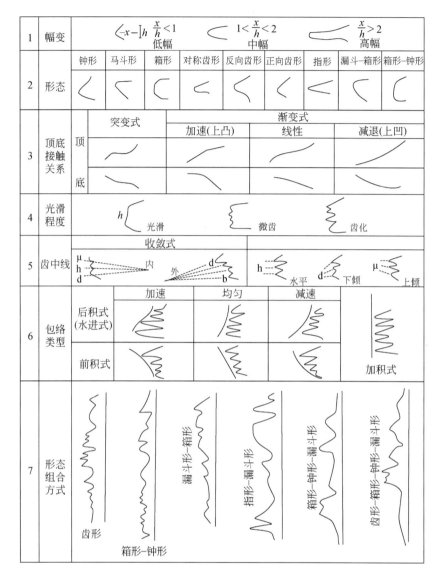

图 1-4　测井曲线形态与测井物序列和沉积环境之间的关系（谭廷栋，1988）

x 为微相曲线最高值与最低值差值；h 为微相高度；μ、h、d 分别为不同的单齿模式

2）决口扇微相

洪水漫溢河床，冲破天然堤形成决口扇滩，可形成大面积的席状砂层，以中细砂为主，是以垂向加积的沉积方式。SP 曲线呈中-低幅正向齿形或对称齿形。

3）天然堤微相

天然堤发育在分支河道两侧，以细砂和粉砂沉积为主，远离河床沉积物变细，泥质增多，常见各种波状层理和水流波痕。基本也是从下往上的正粒序旋回。SP 曲线呈低幅齿形。

4）泛滥平原微相

该相位于三角洲平原分支河道间的低洼地区，起表面接近平均高潮线，泛滥平原沉积占三角洲平原亚相沉积的 90%，SP 曲线呈低幅微齿形或平直形。

5）水下分流河道微相

水下分流河道微相是陆上分支河道的水下延伸部分。沉积物以砂、粉砂为主，泥质极少。SP 曲线呈中-高幅钟形，底部突变成加速渐变，顶部减速渐变，齿中线内收敛。

6）支流间湾微相

支流间湾微相是水下分支河道之间的相对凹陷的海湾地区，与海相通。以黏土沉积为主，含少量粉砂、细砂，具有水平层理和透镜状层理，可见浪成波痕、生物扰动构造、生物介壳和植物残体。SP 曲线呈低幅微齿形或近平直形。

7）河口坝微相

河口坝微相位于水上分流河道入湖河口堆积处，坝前方被湖浪冲刷改造，反粒序。SP 曲线呈中-高幅漏斗形或漏斗形-箱形，齿化-微齿，齿中线外收敛。

8）远砂坝微相

该相位于河口砂坝前方较远的部位，又称为末端砂坝。沉积物比河口砂坝细，主要为粉砂，并有少量黏土和细砂，在垂向上呈多期下细上粗的反粒序，SP 曲线呈低-中幅漏斗形，微齿，齿中线外收敛。

9）前缘席状砂微相

前缘席状砂微相发育在破坏性三角洲中砂质纯，分选好，沉积构造与河口砂坝相类似，砂体向岸方向加厚，向海方向减薄。在垂向上具有下细上粗的反粒序。SP 曲线呈中幅、层薄的反向齿形。

1.3　岩石学特征

目前国内外砂岩分类普遍采用三角形图解，大致分为三组分和四组分两种体系。

以佩蒂庄等（1977）提出的陆源砂岩分类方案为例，把反映成因的来源区、矿物成熟度及流体性质等因素（介质的密度和黏度）作为砂岩分类的准则。首先，以基质含量 15% 为界限把砂岩分为两大类：砂屑岩和杂砂岩。然后，再另砂岩的主要碎屑组分石英、长石和岩屑为二端元，分别以 Q、F 和 R 表示，进一步分类和命名。该分类可以反映砂岩的重要成因特征（图 1-5）。

赵澄林（2001）首先按基质含量将砂岩分为砂岩和杂砂岩两大类：前者为基质含量小于 15% 的、分选性好的纯净砂岩；后者为基质含量大于 15% 的、分选性差的混杂砂岩。从油气储层沉积学研究结果来看，规定黏土基质含量 15% 为划分两类砂岩的界线。理由是基质含量大于 15% 的砂岩分选性差，砂岩的孔隙度和渗透率显著变坏，一般难以成为储集油气的砂岩。当基质含量大于 50% 时，则过渡为泥质岩。在砂岩和杂砂岩中，按照三角图解中三个端元组分——石英（Q）、长石（F）及岩屑（R）的相对含量划分类型

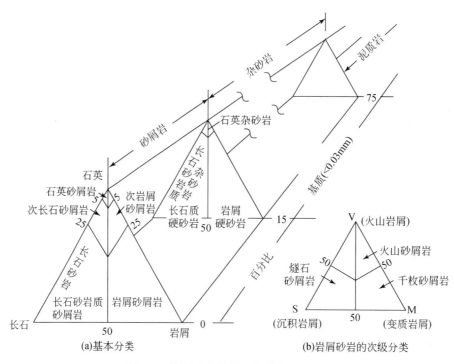

图 1-5 陆源砂岩分类（佩蒂庄，1977）

（图 1-6）。如长石大于 25%、长石大于岩屑的为长石砂岩（杂砂岩）类，岩屑大于 25%、岩屑大于长石的为岩屑砂岩（杂砂岩）类，长石和岩屑含量都小于 25% 的为石英砂岩（杂砂岩）类。每类界限可按具体界限再划分亚类。这一分类的特点既能很好地反映砂岩成因特征，即搬运磨蚀历史和来源区母岩性质，又保留了传统做法，以长石或岩屑含量大于 25% 作为长石砂岩类或岩屑砂岩的分界，便于野外鉴定。

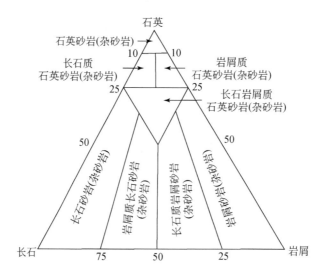

图 1-6 陆源砂岩分类（赵澄林，2001）

根据基质含量 15% 为界，分别命名为砂岩和杂砂岩

1.4　储集岩分类评价方法

1.4.1　岩石毛管压力特征

一般毛管压力曲线具有两头陡、中间缓的特征。开始的陡段表现为随压力升高，非润湿相饱和度缓慢增加。此时非润湿相饱和度的增加是由于岩样表面凹凸不平或切开较大孔隙引起的，并不表示非润湿相已经进入岩石，或者只有其中的一部分进入岩石内部，其余部分消耗于填补凹面和切开的大孔隙。中间的平缓段是主要的进液段，它表示大部分非润湿相是在该压力区间进入的。最后的陡段表示随压力急剧升高非润湿相的进入速度越来越小，最后完全不再进入岩石（图1-7）。

毛管压力曲线的定量特征通常用下列参数表征。

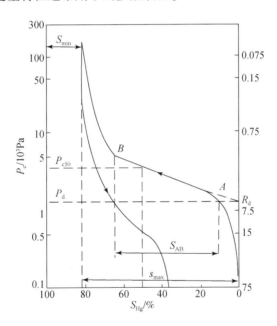

图 1-7　典型毛管压力曲线示意图

1）排驱压力和最大孔喉半径

排驱压力是毛管压力曲线的重要参数之一，又称"入口压力""门槛压力"。排驱压力一般是非润湿相开始进入岩样最大喉道的压力，即等于岩样最大喉道半径的毛管压力。与排驱压力（P_d）相应的喉道半径是连通岩样表面孔隙的最大喉道半径（R_d）。排驱压力越低，说明岩石的物性越好。

排驱压力的确定方法各不相同，一般采用的方法是将毛管压力曲线中间的平缓段延长至零非润湿相饱和度，与纵坐标轴相交，其交点所对应的压力即为排驱压力。

2）饱和度中值毛管压力

饱和度中值毛管压力（P_{c50}）指在排驱毛管压力曲线上 50% 饱和度所对应的毛管压力。与 P_{c50} 相应的喉道半径是饱和度中值喉道半径（R_{50}），简称中值半径。这两个参数也是评价储集性能的重要参数。物性越好，饱和度中值压力越低、中值半径越小。物性很差的岩石，饱和度中值压力很高，甚至在曲线上读不出来。

3）束缚水饱和度

当压力达到一定高度后，压力再继续升高，非润湿相饱和度增加很小或不再增加，毛管压力曲线与纵轴近乎平行，此时岩样中的剩余润湿相饱和度，一般认为相当于储层的束缚水饱和度（S_{wi}）。S_{wi} 值越小，储集岩的含油饱和度越高。

1.4.2　平均毛管压力曲线

1. 毛管压力曲线平均化及 J 函数处理

把实测岩心毛管压力与参考毛管压力的比值，定义为岩心的 J 函数，其表达式为

$$J(S_{wn}) = \frac{P_c}{\sigma_{ow}}\sqrt{\frac{k}{\phi}} \tag{1-1}$$

式中，P_c 为毛管压力，MPa；S_{wn} 为岩心的标准化饱和度，%；σ_{ow} 为油水界面张力，N/m；k 为岩石渗透率，μm^2；ϕ 为岩石孔隙度，%。

$$S_{wn} = \frac{S_w - S_{wc}}{1 - S_{wc}}, 0 \leq S_{wn} \leq 1 \tag{1-2}$$

式中，S_w 为岩心含水饱和度；S_{wc} 为岩心的束缚水饱和度。

结合岩心的油水界面张力、孔隙度、渗透率、束缚水饱和度资料，通过式（1-1）和式（1-2）可以将实验室测得的 P_c 和 S_w 的对应数据点转换为 $J(S_{wn})$ 函数和 S_{wn} 对应的数据点，为了得到 $J(S_{wn})$ 函数关系，可以对数据点用最小二乘法进行拟合，通过对毛管压力曲线特征进行观察，选择用幂函数对函数进行拟合：

$$J(S_{wn}) = aS_{wn}^b \tag{1-3}$$

式中，a 为岩心的 J 函数无因次排驱压力；b 为岩心的 J 函数曲线指数。

为拟合方便，式（1-3）两边取自然对数，得

$$\ln J = \ln a + b\ln S_{wn} \tag{1-4}$$

给定数据点（$\ln S_{wni}$, $\ln J_i$），$i = 1, 2, \cdots, m$ 做拟合直线：

$$p(x) = \ln a + b\ln S_{wn} \tag{1-5}$$

通过上述方法可以计算出每块岩心的 a、b 值。取所测所有岩心 a、b 值进行算术平均 W，代入式（1-3）中，即可确定油藏的平均 J 函数曲线，然后通过式（1-6）和式（1-7）反求出油藏的平均毛管压力：

$$P_c(S_w) = \frac{\sigma}{\sqrt{k/\phi}}J(S_{wn}) \tag{1-6}$$

$$S_w = S_{wc} + (1-S_{wc})S_{wn} \tag{1-7}$$

拟合 $J(S_{wn})$ 函数关系的流程图见图 1-8。

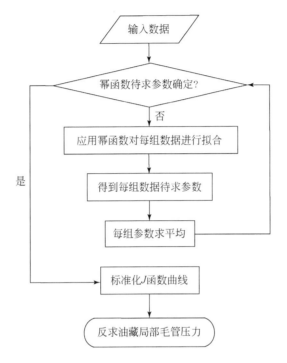

图 1-8　毛管力曲线平均化流程

2. 储层分类评价

　　孔隙结构类型是评价储集层质量的一项重要依据。根据压汞资料的特点将低渗透砂岩层的储集层孔隙结构分为五级，其参照的划分参数包括排驱压力（P_d）、饱和度中值毛管压力（P_{c50}）以及束缚水饱和度（S_{min}）。具体的分类指标如下：排驱压力（0.5MPa、0.5~1.5MPa、1.5~3.5MPa、3.5~5.0MPa、>5.0MPa）、毛管压力中值（<2.0MPa、2.0~3.5MPa、3.5~8.0MPa、8.0~15.0MPa、>15.0MPa）、束缚水饱和度值（<25%、25%~30%、30%~40%、40%~45%、>45%）。陈丽华等（1999）按储层孔隙喉道均值将大小储层喉道分为粗喉（>2μm）、中喉（1~2μm）、细喉（0.5~1μm）和微细喉（<0.5μm）四种类型。邸世祥等（1991）综合使用岩性、常规物性、压汞试验、铸体薄片、电镜扫描及产能等多方面的资料，将孔隙结构划分为三级、六亚级（表 1-5）。

表 1-5 碎屑岩储集层孔隙结构级别及其主要划分标志（邸世祥等，1991）

级别		压汞资料			常规物性			主要孔隙类型及其连通情况
		排驱压力 /MPa	孔喉中值 /μm	毛管压力曲线特征	渗透率 /10^{-3} μm³	孔隙度 /%	主要岩性	
I	A	<0.05	>7.0	左下方分布，粗歪度，在>14%处细喉喉无或很小，粗喉峰一般在<6%处，峰值大	>500	30~20	以中细粒砂岩为主，填隙物含量低，主要为泥质	普遍发育溶蚀粒间孔隙度（和）粒间孔隙，孔隙个体大（直径一般为>0.1mm），连通性好
I	B	0.05~0.1	7.0~5	左下方分布，略粗歪度，细喉峰的峰值略增，粗喉峰位置可降至<7%处，（但峰值级比较大	500~100	22~17		以粒间孔隙或（和）溶蚀粒间孔隙为主，另含一定量其他类型孔隙，孔隙个体比较大（直径0.1~0.05mm），连通性比较好
II	A	0.1~0.5	6.0~2.0	处于中部位置，略粗歪度，细喉峰增大，粗喉峰位置在7%~9%处，峰值比细喉峰值低或接近	100~10	20~12	以细砂岩为主，填隙物含量高，为钙质或泥质	除粒间孔隙（和）溶蚀粒间孔隙外，发育比较多的填隙物内孔隙，孔隙个体大小混杂，直径一般较差
II	B	0.2~2.0	3.0~1.0	处于中部位置略粗，细喉峰明显高于粗喉峰，粗喉峰略低于10%处	10~2	18~10		普遍发育填隙物内孔隙，孔隙个体小（直径一般为0.01~0.005mm），连通性较差
III	A	2.0~5.0	2.0~0.05	左上方分布，细歪度，细喉峰非常明显，粗喉峰不明显或只出现在10%~20%处，（但峰值一般比较低	2~0.1	10~5	以粉砂岩为主，填隙物含量高，以钙质为主，尚有泥质、硬石膏等	只含少量填隙物内孔隙或个别含一些其他类型孔隙，孔隙数量大减，连通性很差（直径一般为0.005~0.001mm），个体很小
III	B	>5.0	<0.05	右上方分布，极细歪度，一般只出现细喉峰（在>14%处），特高	<0.1	<5		基本无孔隙或偶见一些填隙物内孔隙，孔隙直径一般<0.001mm，基本不连通

1.5　岩石力学特征评价

1.5.1　应力–应变特征

在轴向压缩试验中，应力 σ–应变 ε 曲线大致包括四个变形阶段（图1-9）。

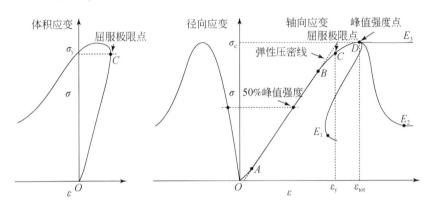

图 1-9　岩石全应力–应变曲线（据李广杰，2004 修改）

（1）OA 段应力–应变曲线上弯，随着应变的增加，产生相同应变所需要增加的应力越来越大。通常认为 OA 段由加载过程中孔隙或裂隙闭合形成，常常见于孔隙或裂隙化明显的岩石中（董茜茜等，2015）。

（2）AB 段应力–应变曲线接近于直线，随着应变的增加，应力等比例增加其中 B 点为弹性极限点，AB 的斜率为岩石的弹性模量；从 B 点开始试样内开始产生微裂纹，并且随着加载的进行微裂纹数量增多。

（3）BD 段应力–应变曲线向下弯曲，该段又大致可以分为部分变形阶段（BC 段）和非稳定裂隙扩展至岩石结构破坏阶段（CD 段）。C 点岩石的体积应变达到极值，该点之后随着加载的进行，岩石的体积应变逐渐增大，通常将该点作为岩石的屈服极限点。

（4）DF 段为峰后阶段，随着加载的进行岩石变形继续增加，但承载能力降低。峰后阶段曲线的特征可以作为岩石脆塑性的重要标志，峰后阶段应力–应变曲线的斜率大于 0（DE_1），表明岩石具有较高的脆性（Evans et al.，1995）；峰后阶段应–应变曲线的斜率小于 0（DE_2），表明岩石显出典型的局部脆性或者局部塑性特征（Wawersik and Fairhurst，1970）；峰后应力–应变曲线斜率接近于 0（DE_3），且加载轴向应变超过 5% 仍未发生明显的破裂，则岩石具有较强的塑性（Evans et al.，1995）。

通过岩石的单轴压缩试验，根据不同的应力–应变曲线所对应力–应变过程中岩石变形阶段的组合特征，将岩石的应力–应变曲线分为 6 类：弹性、弹塑性、塑弹性、塑–弹–塑性、弹–塑–蠕变（图1-10）。

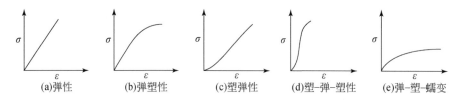

(a)弹性　　　　(b)弹塑性　　　　(c)塑弹性　　　　(d)塑-弹-塑性　　　　(e)弹-塑-蠕变

图 1-10　单轴压缩试验中岩石的应力-应变曲线类型

1.5.2　岩石力学参数

1. 弹性参数

常用的弹性参数包括杨氏模量（E）、剪切模量（G）、体积模量（K）和泊松比（μ）等，主要用于描述岩石在弹性变形阶段的力学特征。因为各向同性的弹性介质的剪切模量和体积模量与杨氏模量、泊松比之间存在如式（1-8）、式（1-9）所示的关系，所以通常在应用过程中只需要确定杨氏模量和泊松比，剪切模量和体积模量也随之确定。

$$G = \frac{E}{2(1+\mu)} \tag{1-8}$$

$$K = \frac{E}{3(1-2\mu)} \tag{1-9}$$

杨氏模量为线弹性变形阶段沿纵向的差应力和应变之比。泊松比为在单向受拉或受压时径向应变与轴向应变之比的绝对值。

在石油工业中，通常用于测岩石杨氏模量和泊松比的方法有两种：一种是准静态的应力-应变测试方法；另一种是声波速度测试方法。

1）准静态的应力-应变测试方法

该测试方法主要是在实验室进行单轴和三轴实验，利用测得的应力-应变关系曲线计算得到岩石静态杨氏模量和泊松比。

如图 1-11 所示，为了便于分类，国际岩石力学协会推荐了由加载过程的应力-应变曲线计算杨氏模量的方法。

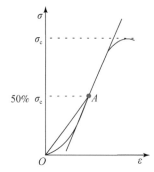

图 1-11　国际岩石力学协会推荐的杨氏模量测量方法

切线杨氏模量（E_t）：某一应力状态下（一般为抗压强度的 50%）曲线的斜率。

平均杨氏模量（E_{av}）：曲线中直线部分平均斜率。

割线杨氏模量（E_s）：应力由某一应力状态至另一应力状态之间曲线的斜率。在图 1-11 中，OA 的斜率为 E_s。

泊松比可以用同样的方法由轴向-径向应变曲线确定。

在实际应用中一般采用割线杨氏模量。

Hilbert、Plona 和 Cook 等提出了用在小范围加卸载循环测得杨氏模量的方法。认为循环足够小时加载曲线斜率应与重加载后的应力-应变曲线的斜率相近。如此使测得的弹性参数与实际的相近，而且与由超声波得到的参数相近，这些测量应在相应的围压和轴压下获得。

2）声波速度测试方法——动态法

该方法是通过测定声波在岩样中的传播速度转换，得到动态杨氏模量和动态泊松比。假如岩石均质各向同性，任一应力条件下的动态杨氏模量是通过测量该应力条件下通过岩心超声波的压缩波和剪切波速度然后经计算得到。波速测量嵌入岩样前端端帽内的两对压电晶体接收到信号发生器的电脉冲后，将电脉冲转化为机械脉冲，该脉冲信号经岩样传播到达另一端，接收端的压电晶体传感器又将机械信号转化为电脉冲信号，通过示波器的波形图，即可确定压缩波或剪切波在岩样内的传播时间，从而求得波速。

室内超声波测试：对岩样施加一个机械脉冲，记录脉冲通过整个岩样长度所需的时间，即可计算出波速。该实验可以在三轴压缩实验中与静态实验同时进行。

现场声波测井：声波测井是在原地层条件下对岩石进行测试，声波工具测量压缩波（P 波）和剪切波（S 波）的特征传播速度，计算获得沿深度连续岩层的杨氏模量和泊松比。

岩石静态力学性质是只用机械的方法测得的岩石力学性质，它的加载速度较慢，应变速率一般在 10^{-5}mm/s 左右；岩石动态力学性质是用声波的方法测量声速而计算得到的岩石力学性质，现场声波测井的频率一般为 20kHz，应变振幅为 5×10^{-4} 左右，室内超声波频率为 1MHz，其应变振幅为 10^{-6}。由于声波的频率远高于机械方法的加载频率，相对而言，分别被称为动态和静态。

2. 强度参数

岩石的强度参数包括抗压强度（σ_c）、抗张强度（σ_t）、黏聚力（C）和内摩擦角（θ）。

抗压强度为轴向压缩试验的强度极限，即图 1-9 中 D 点的强度值。抗张强度为岩石受拉力时抵抗破坏的能力，一般通过巴西劈裂试验测得。

内摩擦角是岩石在斜面上的临界自稳角，为岩石抗剪强度的指标。可以根据不同围压下同一组试样的抗压强度计算该试样组代表试样的内摩擦角 [式（1-10）]。黏聚力指在同种物质内部相邻各部分之间的相互吸引力，为岩石抗剪强度的指标 [式（1-11）]。

$$\theta = \tan^{-1}\left[k - 1/2\sqrt{k} \right] \tag{1-10}$$

$$C = \sigma_c / 2\sqrt{k} \qquad (1\text{-}11)$$

式中，k 为拟合参数，如图 1-12 所示。

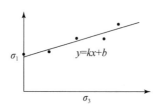

图 1-12　岩石 $\sigma_1 \sim \sigma_3$ 关系图

1.5.3　层理结构对力学各向异性的影响

由于致密砂岩储层岩石中常见碳屑、泥质条带、水平排列的泥砾等多种形式的顺层构造，且水平层理较为发育。这些层状构造使致密砂岩常表现出典型的岩石力学各向异性特征。

1. 层理对抗压强度的影响

层状岩石的抗压强度通常表现出明显的各向异性特征。周科峰等（2012）根据莫尔-库仑（Mohr-Coulomb）强度准则推导了层状岩石的结构面与抗压强度的关系［式（1-12）、式（1-13）］：当破裂面为结构面时破坏关系服从公式，表明只有当 $\varphi_j < \beta < 90°$ 时，才可能发生沿结构面的破坏；当发生穿切岩石结构面的破坏时破坏关系服从公式，表明在 $\beta \leqslant \varphi_j$ 和 $\beta = 90°$ 时，抗压强度相同。

$$\sigma_1 - \sigma_3 = \frac{2(c_j + \sigma_3 \tan\varphi_j)}{(1 - \tan\varphi_j \arctan\alpha)\sin 2\alpha} \qquad (1\text{-}12)$$

$$\sigma_1 = \sigma_3 + \sigma_3 \left(\frac{1 + \sin\varphi}{1 - \sin\varphi} - 1\right) + 2c\sqrt{\frac{1 + \sin\varphi}{1 - \sin\varphi}} \qquad (1\text{-}13)$$

式中，σ_1、σ_3 分别为轴向应力和围压；α 为剪破裂面的角度，如图 1-13 所示；φ 和 φ_j 分别为岩石和结构面内摩擦角；c 和 c_j 分别为岩石和结构面黏聚力。

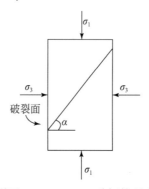

图 1-13　基于 Mohr-Coulomb 破坏的理论计算模型

在实际测试和数值模拟中，抗压强度与 β（α）往往存在明显的相关性。刘小刚等（2018）采用 Mohr-Coulomb 强度准则，以及利用 FLAC 3D 模拟层状岩石的轴向抗压试验中强度与 β 角的关系显示，当 β 角在 30° 时抗压强度明显较低；当 β 角为 0°，或者在 60° ~ 90° 抗压强度相对较高（图 1-14）。赵文瑞（1984）通过单轴抗压试验、抗张试验（劈裂法）、抗剪试验（双面剪切法），测试纹层状泥质粉砂岩不同取样角度的力学特征（0°、15°、30°、45°、60°、75°、90°），试验结果显示泥质粉砂岩在加载方向与层理面呈 30° 夹角时抗压强度最低；与层理面夹角 60° ~ 75° 时抗张强度最低；与层理面夹角呈 0° 时抗剪强度最低，随夹角的增加抗剪强度非线性增加。

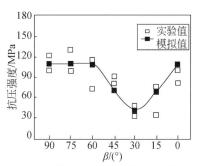

参数类型	参数名称	单位	数值
岩石基质参数	弹性模量	GPa	12.58
	内聚力	MPa	10.2
	摩擦角	°	40
	泊松比	—	0.21
	抗拉强度	MPa	4.5
节理参数	节理抗拉强度	MPa	0.045
	节理内聚力	MPa	0.102
	节理摩擦角	°	30

(a)模拟中所选取的参数值　　　　(b)抗压强度、实测抗压强度与 β 的关系

图 1-14　层状岩石强度各向异性模拟参数与模拟结果图（刘小刚等，2018）

2. 层理对杨氏模量的影响

Adams（1951）推导了利用密度、纵波速度（V_P）、横波速度（V_S）计算杨氏模量的方法 [式（1-14）]，采用该方法求得的杨氏模量为材料的动态杨氏模量。王倩等（2012）测试显示动态杨氏模量与 β 角通常表现出较好的负相关性，β 越高，动杨氏模量越低。艾池等（2017）通过对层状页岩杨氏模量随 β 变化关系的推导，发现层状页岩的杨氏模量随 β 增加而降低。前人的大量轴向压缩测试显示（王倩等，2012；张永泽等，2015；艾池等，2017），杨氏模量通常表现出随 β 的增加而逐渐降低的关系（徐敬宾等，2013；衡帅等，2015；张永泽等，2015）。

$$E = \rho \frac{3V_P^2 - 4V_S^2}{(V_P/V_S)^2 - 1} \tag{1-14}$$

1.6　现今地应力场特征评价

1.6.1　地应力大小和方向确定方法

现今地应力测试方法众多，但受到断层、褶皱、岩性、裂缝等诸多因素的影响，地应力准确测量难度较大。套取岩心和应变解除等应力测量技术未在本书中论述，是因为它们通常仅适用于地表附近的应力测量（Engelder，1993；Amadei and Stephansson，1997）。应变恢复技术要求定向取心（较难获取），数据分析时不仅需要对许多环境因素做修正（如温度和孔隙压力），还需要知道岩样弹性性质的详细情况。如果岩石为各向异性的（如存在层理面），则很难解释应变恢复测量技术。

Zoback 和 Grorelick（2012）推荐的现今地应力场确定方案如下：

（1）假设上覆岩层压力是主应力，可以通过密度积分确定垂向应力；

（2）通过井眼观测最新地质特征和地震震源机制确定主应力方向；

（3）通过微压裂和漏失试验测得 S_3（除了逆断层情况之外，对应 S_{hmin}）；

（4）孔隙压力 P_p 可直接测得，也可通过地球物理测井或地震波数据估算；

（5）有了这些参数，仅需要约束 S_{Hmax} 就可建立完整的应力张量。地壳摩擦强度的约束条件规定了 S_{Hmax} 的取值边界（一个关于深度和孔隙压力的函数）。通过对井眼破坏（崩落和钻进诱导拉伸裂缝）的观察可以更精确地估计 S_{Hmax}。

本书将重点介绍目前比较可靠的一些地应力确定方法。

1. 压裂法估算地应力大小

在水压致裂法地应力测量的经典理论中，采用最大单轴拉应力的破坏准则。如图 1-15 所示，在水压致裂法地应力测量中，当液压增加至破裂压力（P_b）时，钻孔周壁围岩即出现破裂缝，给出的关系式为

$$P_b - P_0 = [3(\sigma_H - P_0) - (\sigma_H - P_0) + \sigma_t]/K \tag{1-15}$$

式中，σ_t 为抗张强度，MPa；K 为孔隙渗透弹性参数，可由实验室测定，$1 \leqslant K < 2$；P_0 为地层孔隙压力，MPa；σ_H 为水平最大主应力，MPa；σ_h 为水平最小主应力，MPa。

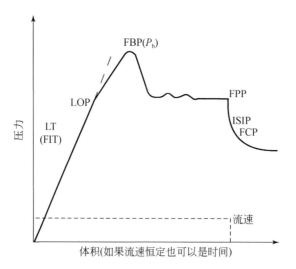

图 1-15　小型压裂或扩展漏失试验示意图

LT：有限试验；LOP：漏失点；FIT：地层完整性试验；FBP：地层破裂压力；FPP：裂缝扩展压力；
ISIP：瞬间关闭压力；FCP：裂缝闭合压力

钻孔周壁围岩破裂以后，立即关闭压裂泵，这时维持裂缝张开的液压为瞬时关闭压力（P_s），它与裂缝面相垂直的最小水平主应力（σ_h）得到平衡，也即

$$\sigma_h = P_s \tag{1-16}$$

最大水平主应力（σ_H）为

$$\sigma_H = 3\sigma_h - P_b + \sigma_t - P_0 = 3P_s - P_b + \sigma_t - P_0 \tag{1-17}$$

围岩抗拉强度可以根据现场水压致裂法测量的压裂过程曲线近似测定，也可以根据测段附近岩心的室内试验测定。

复注液施压至破裂缝继续开裂，这时液压为重张压力（P_r）。由于围岩已经破裂，它的抗拉强度近似为零，故可根据式（1-17）近似得到重张压力为

$$P_r = 3\sigma_h - \sigma_H - P_0 \tag{1-18}$$

因此，最大水平主应力也可根据重张压力（P_r）表示：

$$\sigma_H = 3P_s - P_r - P_0 \tag{1-19}$$

围岩抗拉强度的室内试验测定，是将测段附近岩心加工成厚壁空心圆柱体试样，对中孔内壁加压直至岩样破裂，根据式（1-20）计算抗拉强度：

$$\sigma_t = P_b \left(\frac{b^2}{a^2} + 1 \right) \bigg/ \left(\frac{b^2}{a^2} - 1 \right) \tag{1-20}$$

式中，a 和 b 为厚壁圆柱体试件的内径和外径。

2. 井壁崩落和诱导裂缝确定地应力大小和方向

在钻井过程中，井壁的最小主应力方向会产生压剪性质的井壁崩落，如图 1-16 所示。井壁崩落在四臂井径测井资料上表现为 c1-3 或 c2-4，具有稳定的扩径特征，六臂井径测井资料上则表现为两条井径相近，另外一条井径扩径最大或最小；在微电阻率成像图中，观察到的暗色条带，即为井筒崩落所致，其方向为最小主应力方向。

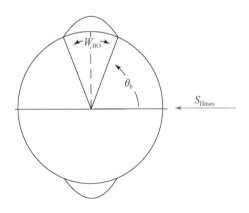

图 1-16　井壁崩落和拉伸示意图

崩落形成之后，应力集中使崩落区域不断加深，但崩落宽度始终保持稳定。Barton 和 Zoback 等（1988）提出由崩落宽度确定 S_{Hmax} 的方法：

$$S_{Hmax} = \frac{(C_0 + 2P_p + \Delta p + \sigma^{\Delta T}) - S_{hmin}(1 + 2\cos 2\theta_b)}{1 - 2\cos 2\theta_b} \qquad (1-21)$$

$$2\theta_b = \pi - W_{BO}$$

式中，S_{hmin} 为最小水平主应力，MPa；θ_b 为平面上崩落起始点到最大主应力之间的夹角，（°）；W_{BO} 为井壁崩落宽度，弧度制；C_0 为单轴抗压强度，MPa；P_p 为孔隙压力，MPa；Δp 为钻井液液柱压力与地层压力的压差，MPa；$\sigma^{\Delta T}$ 表示钻井液温度与地层温度之差引起的热应力，MPa。

在钻井过程中，当泥浆压力高于地层的破裂压力时会导致地层破裂，产生张性裂缝。从成像测井资料上确定产生的诱导裂缝（一般来说呈 180° 对称出现）的方向为最大水平主应力方向。钻井诱导拉伸裂缝的产生条件为

$$S_{Hmax} = 3S_{hmin} - 2P_p - \Delta p - T_0 - \sigma^{\Delta T} \qquad (1-22)$$

另外，可以通过应力多边形方法判断 S_{hmin} 和 S_{Hmax} 可能的取值范围。图 1-17 中 NF、SS、RF 分别对应正断层、走滑断层、逆断层应力状态下水平应力的可能值。近水平线上标记的 110MPa、124MPa、138MPa 和 153MPa 等数值表示岩石强度。在任何情况下，深部应力都必须在多边形范围之内。如果应力状态处于摩擦破坏平衡状态，应力状态将位于多边形的外围边缘上。

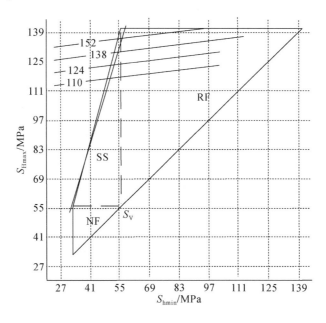

图 1-17　澳大利亚某深井深部可能出现的应力状态（Barton and Zoback，1988）

3. 地应力室内测试方法

室内地应力测试的方法很多（表 1-6），这些地应力测试要在岩心定向的基础上开展，对于定向取心井已有明确的岩心方向，但常规取心岩心的方向是不确定的，此时古地磁等方法对岩心进行定向。

1）古地磁岩心定向

古地磁岩心定向认为地球是一个巨大的磁体，地球内部及其周围空间中客观存在着地磁场。从 7.3 万年以来，地球的磁场获得了稳定的方向，此时的平均磁北极和地理北极一致。岩石中一部分磁性矿物的衰减期小于 7.3 万年，这些颗粒的磁化强度将重新定向于稳定的地球磁场方向，即黏滞剩磁。为了准确地测量黏滞剩磁的方向，使用分段退磁的方法，岩样依次被加热并冷却（在零磁场中）并测量每一步的剩余磁化强度。在地层中的每一点，真正的黏滞剩磁的磁偏角（磁矢量的水平分量）和正北方向一致，黏滞剩磁的磁倾角（磁矢量的垂直分量）和该地点的纬度相关。

表 1-6　原位地应力测试方法汇总表

方法类别	序号	中文名称	英文名称（缩写）
基于岩心的方法	1	非弹性应变恢复法	anelastic strain recovery（ASR）
	2	差应变曲线分析法	differential slrain curve analysis（DSCA）
	3	差波速分析法	differential wave velocity analysis（DWVA）
	4	饼状岩心/岩心诱发裂纹法	drilling induced fracture in core（DIFC）/ core discing（CD）
	5	声发射法	acoustic Emission Method（AE）
	6	圆周波速各向异性分析法	circumferential velocity anisotropy（CVA）
	7	岩心二次应力解除法	overcoring of archived core（OCAC）
基于钻井井眼（钻孔）的方法	8	水压致裂法	hydraulic fracluring（HF）
	9	原生裂隙水压致裂法	hydraulic test of pre-existing fractures（HTPF）
	10	套芯解除	overcoring method（OC）
	11	井眼崩落/钻孔崩落	borhole breakouts（BBO）
	12	井壁（孔壁）诱发张裂缝	drilling induced fractures（DIF）
	13	井眼（钻孔）变形	borehole deformation
	14	钻孔渗漏实验	leak off test（LOT）
地质学方法	15	地倾斜调查	earth tilt survey
	16	断层滑动反演	fault slip data
	17	新构造运动节理测绘	surface mapping of ncoleclonic joints
地球物理方法	18	震源机制解	earthquake focal mechanisms
	19	地球物理测井（微震测井、定向伽马射线、正交偶极子声波测井）	geophysical logging
基于地下空间的方法	20	扁千斤顶法	jacking method
	21	表面解除法	surface relief methods
	22	反分析法	reverse analysis method

注：据 Amadei 和 Stephasson（1997）；Zang 和 Stephasson（2010）。

黏滞剩磁定向的最小容许准则是五块样品中至少有三块样品的黏滞剩磁磁偏角相近，

并且磁倾角对于当地的纬度来说是可以接受的。采用黏滞剩磁岩心定向法，需要的资料包括：测点的纬度、岩心向上的方向以及井斜角和井斜方位角。井壁附近的温度可能高于100℃，故在分析过程中应不使用低于100℃的温度段，因为当岩心取至地面放凉后，这部分磁化强度可以热剩磁的方式获得。同时也不选择高于300℃的温度段，因为高于300℃的剩磁段中仅有一小部分黏滞剩磁分量可能受更老的天然剩磁分量的强烈影响。

在古地磁定向岩心钻取过程中要注意：①标注清晰钻取测试样品的方位（图1-18）；②同一测试点位至少测试2~3个样；③标准样品的尺寸直径一般为直径2.5cm、长2cm。

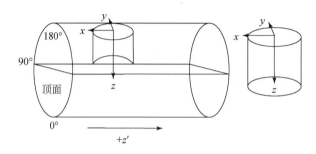

图 1-18　古地磁定向样品标注示例

图1-19（a）为典型的正极性样品，主成分分析拟合直线经过原点，剩磁方向特征比较稳定，并且剩磁强度逐渐下降；图1-19（b）为典型的负极性样品，退磁曲线显示双分量，低场分量可能与现代场的黏滞剩磁有关，高场则表示特征剩磁的剩磁强度与方向，主成分分析拟合直线经过原点，剩磁方向特征比较稳定。

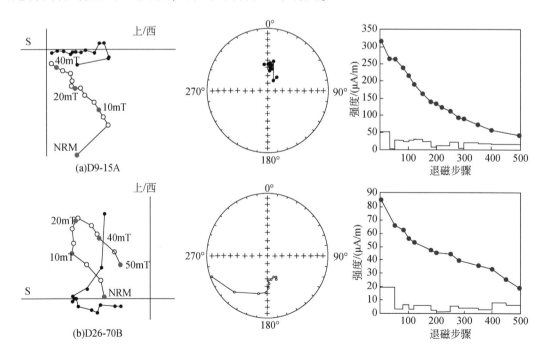

图 1-19　典型样品的退磁曲线（据李金国，2021 修改）

NRM 为天然剩磁强度

2）差应变法测量地应力

差应变曲线分析法（diffierential strain curve analysis，DSCA）是在实验室内对定向岩样施加围压，观测比较岩样不同方向上的相对应变，进而估算原地应力方向和量值。DSCA 法基于四个重要假设：①由于岩心围压消失而产生松弛变形，导致岩样内部的微裂隙；②微裂隙基本按照原始应力场的方向排列；③任何方向上微裂隙所产生的体积变化与原地应力场量值成正比；④在静水围压作用下，任一特定方向上的岩样体积收缩与该方向上的岩心从母岩上解除下来的应力松弛变形过程是可类比的。

该方法主要适用于深孔岩心的应力测量。当岩心从深孔中取出后，由于原来经受的应力很高，非弹性应变恢复现象会非常明显。对于浅孔岩心，由于非弹性应变量较小，使得测试结果的可靠性降低（图 1-20）。

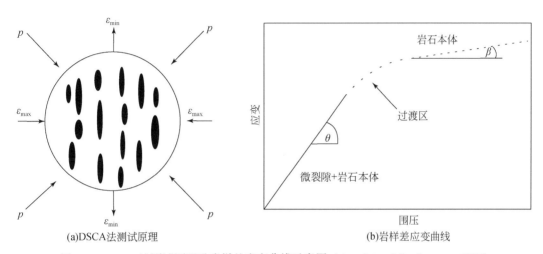

(a)DSCA法测试原理　　　(b)岩样差应变曲线

图 1-20　DSCA 法测试原理及岩样差应变曲线示意图（Amadei and Stephasson，1997）

在岩心差应变分析实验前，需要对岩心进行定向。实验样品尺寸为 30mm×30mm×30mm 的立方样或 30mm×30mm 的圆柱样。制备岩心样品时，应尽量避免磕碰损伤表面而产生与差应变不相干的微裂隙。按相互垂直的 3 个面［图 1-21（a）］或 120°方向［图 1-21（b）］排列应变片。

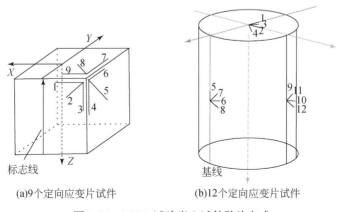

(a)9个定向应变片试件　　　(b)12个定向应变片试件

图 1-21　DSCA 试验岩心试件贴片方式

3）声发射法

声发射（acoustic emission，AE）是材料内部的声源快速释放能量产生的一种瞬态弹性波的现象。当岩石受力变形时，岩石中原来存在的或新产生的裂纹周围发生应力集中，应变能较高。当外力增加到一定大小时，在有裂缝的缺陷地区发生了微观屈服或变形，裂缝扩展，从而使应力松弛，储藏的一部分能量将以弹性波（声波）的形式释放出来。可以接收这种弹性波，结合加载资料来分析地应力的大小和方向。

图 1-22 是理想的实验室凯瑟效应（kaiser effect，KE）测试图。根据研究，如果声发射现象明显发生时的压力（回放最大应力 RMS）等于先前经受最大应力（PMS），如图 1-22 中所示 RMS=PMS，那么就完美证实了凯瑟效应。然而，当施加应力越来越接近岩石的破裂强度时［如图 1-22（a）第三循环］，声发射现象明显发生时的压力水平会低于先前所施加的最大应力，如图 1-22 中所示 RMS<PMS，这种现象称之为费利西蒂（Felicity）效应。

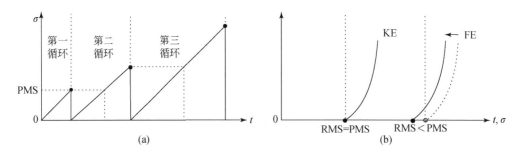

图 1-22　原始岩心在实验室内循环加载时的应力–时间曲线（a）与第二和第三个加载循环过程中测量得到的声发射时间和时间或者加载应力关系曲线（b）（Zang and Stephasson，2010）

对一个试件来说，AE 法测得的应力分量，就是加载方向的正应力分量。理论上，需要 7 个方向的次级岩心进行单轴压缩试验（6 个独立的应力分量，1 个分量用于效核），才可以确定一个测点的应力张量。对于油气储层地应力状态来说，由于钻孔岩心有限，假定一个主应力的方向为垂直方向，加工试件的方向为垂直 1 个方向和水平面 3 个方向，分别是基线Ⅰ方向、在岩心顶端与基线方向顺时针方向夹角 60°和 120°的Ⅱ方向和Ⅲ方向。

1.6.2　现今地应力场模拟技术

1. 现今地应力场模拟常用方法

在应力场的数值模拟中，采用有限单元法或有限差分法，根据现有已知的地应力实测点的应力资料和震源机制资料解，计算整个计算区域的地应力场。目前，常见的数值方法主要包括：差分法、变分法、边界元法及有限元法。

2. 现今地应力场模拟的技术流程

现今地应力场模拟的技术流程如下所示。

1）结构模型

根据现有地质研究、地震构造解释、岩相地震反演，确定研究区模拟对象，包括褶皱、断层、裂缝、岩相等，建立简化的地质结构模型。

2）本构模型

本构模型的类型非常多，例如，在 ANSYS 中常用邓肯–张（Duncan-Chang）弹塑性模型；在 FLAC 3D 中常用 Mohr-Coalomb 弹塑性模型；如果应力模拟主要用于分析原位地应力场分布，且地质结构模型考虑非常复杂、不考虑地应力动态演化，可以考虑采用弹性模型（表1-7）。

表1-7　储层地应力场模拟中常用的本构模型

名称	模型描绘材料特征	适用情况
弹性模型（Elastic）	均匀弹性介质	地应力场分布简单模拟；不考虑岩石塑性变形、岩性界面等因素对地应力分布影响；不考虑岩体破坏
莫尔–库仑模型（Mohr-Coulomb）	常规岩石、弹塑性介质	常用模型，适用于大部分地层岩石
修正剑桥模型（Modified Cam-Clay）	常规岩石、弹塑性介质，变形能力和抗剪强度随体积变化而变化	对模拟固结程度极低的砂岩或泥岩的应变软化具有一定优势
邓肯–张模型（Duncan-Chang）	常规岩石、弹塑性介质，偏应力与轴向应变近似呈双曲线	常用模型，适用于大部分地层岩石

3）属性模型

根据岩石力学试验结果，对基岩、断层或者断裂带、裂缝的岩石力学特征进行分析，划分平面上和垂向上的岩石力学结构分区，并确定不同分区的等效力学属性。

对于不含裂缝和断层的基岩，岩石的弹性参数和强度参数可以参考表1-8和表1-9。

表1-8　部分岩石弹性参数（彭文斌，2007）

名称	干密度/（kg/m³）	弹性模量/MPa	泊松比（v）	体积模量/GPa	切变模量/GPa
砂岩		19.3	0.38	26.8	7.0
粉砂岩		26.3	0.22	15.6	10.8
石灰岩	2090	28.5	0.29	22.6	11.1
页岩	2210~2570	11.1	0.29	8.8	4.3
大理岩	2700	55.8	0.25	37.2	22.3
花岗岩		73.8	0.22	43.9	30.2

表1-9 岩石强度参数（彭文斌，2007）

名称	内摩擦角/（°）	黏聚力/MPa	抗拉强度/MPa
Berea 砂岩	27.8	27.2	1.17
Repetto 粉砂岩	32.1	34.7	—
页岩	14.4	38.4	—
Sioux 石英石	48.0	70.6	—
Indiana 石灰岩	42.0	6.72	1.58
Stone Mountain 花岗岩	51.0	55.1	—
Nevada 试验场玄武岩	31.0	66.2	13.1

对于断裂带等岩体结构面，章广成（2008）依据应变等效原理，推导出理想矩形结构面的等效杨氏模量和等效泊松比公式，计算断层介质等效岩石力学参数。

岩体结构面的等效杨氏模量计算公式：

$$E=E_r\left\{1+\frac{\left[(E_S-E_r)ld+E_Shd\sin\theta\right]\cos\theta}{w\left[E_S(h\cos\theta-d)+E_rd\right]}\right\} \tag{1-23}$$

式中，E 为等效杨氏模量，GPa；E_S 为结构面充填介质的杨氏模量，GPa；E_r 为岩石杨氏模量，GPa；l 为结构面延伸长度，m；d 为结构面宽度，m；h 为岩体厚度，m；θ 为结构面与水平方向的夹角，（°）；w 为岩体长度，m。

岩体结构面的等效泊松比计算公式：

$$\mu=\frac{\mu_r\cos\theta+\mu_sx(1-\eta-\xi\cos\theta)+\mu_sx\eta\xi\cos\theta}{\cos\theta+x(1-\eta)} \tag{1-24}$$

式中，μ 为等效泊松比，量纲为1；μ_r 为岩石泊松比，量纲为1；μ_s 为结构面充填介质的泊松比，量纲为1；θ 为结构面与水平方向的夹角，（°）；x 为结构面纵横比，量纲为1；η 为结构面延伸长度与岩体横向长度的比值，量纲为1；ξ 为结构面充填物质的杨氏模量与岩石杨氏模量的比值，量纲为1。

吕晶（2017）在新场须五段现今地应力场模拟过程中，根据基岩的岩性和裂缝发育情况，将地质模型分为泥岩裂缝不发育带、砂岩裂缝不发育带、泥岩裂缝发育带、砂岩裂缝发育带、断裂带五种类型，分别赋予不同的力学参数值。

4）边界条件

数值模拟的边界由应力或位移组成，主要有应力边界条件和位移边界条件两种类型。边界条件的设置通常考虑以下几个问题。

（1）应力边界是指在模型的自由边界施加应力。在平面二维应力场模拟中，应力边界条件常赋定值，但在三维地应力场模拟中，油气储层垂向埋藏深度变化通常较大，垂向上三向主应力的变化不可忽视，因此通常采用梯度应力的方式进行加载，即随着深度的增加，应力越来越大。

（2）在水平方向上，通常将水平最大主应力和水平最小主应力的接近应力源一侧作为应力边界。在垂向上，如果埋藏太深，则在顶面采用应力边界；如果埋藏较浅，可以考虑用自重力模型。

（3）位移边界特别是零位移边界（约束边界）是计算模型中不可缺少的，没有约束的计算模型在不平衡力的作用下将产生平动或转动。

（4）在地应力场模拟过程中，首先要确定地应力来源，根据地应力来源确定应力边界或者位移边界。

（5）为了消除边界效应的影响，建议实际模拟模型的边界范围为模拟目标区范围的两倍以上。

如图 1-23 所示为四川某区块地应力模拟边界条件设计案例，蓝色为研究区（模拟目标区），根据区域地应力背景和研究区地应力场特征分析，模拟目标区水平最大主应力和水平最小主应力方向分别为北东向和北西向。在设计应力边界时，实际应力模拟模型的边界为模拟目标区 3 倍左右，应力模拟模型边界呈矩形且与水平主应力方向平行，考虑到构造应力主要来源于喜马拉雅推覆作用，靠近应力源一侧设为应力边界，远离应力源一侧设为零位移边界。

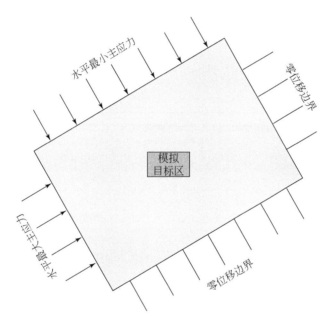

图 1-23　边界条件加载方式示意图

5）模拟计算

通过不断改变边界力作用方式和大小量值（包括大小和方向）来模拟计算区域应力场，使区域介质体内应力计算结果与已有地应力单井实测结果和地震震源机制解（主应力大小和方向）达到最佳拟合。

第2章 致密砂岩气藏测井解释方法

致密砂岩气储层通常物质组成多样、孔隙结构复杂、渗透率低、束缚水饱和度高，导致储层矿物组成、物性、含气性解释难度大。常规储层的测井评价方法应用于致密储层评价时，对于井资料的精度（表2-1）和新测井技术及评价技术的发展依赖性较强。此外，传统的"四性"关系评价远不能满足致密储层测井解释精度的要求，随着致密储层"七性"评价技术的成熟，岩性、物性、电性、含油性、脆性及地应力等已经成为致密砂岩气储层评价的主要参数。

表 2-1　不同测井系列的纵向分辨率与探测深度统计表

测井项目	代码	单位	分辨率/m	探测深度/cm	影响因素
自然电位	SP	mV	1.000	10.0～20.0	储层厚度、地层温度、储层含油性、储层侵入带直径、钻井液电阻率、钻井液矿化度、岩性剖面
自然伽马	GR	API	1.000	10.0～20.0	钻井液的放射性、套管水泥环的放射性、仪器是否偏心、钻井液密度、仪器参数、测井速度、地层厚度、是否扩径
井径	CAL	in 或 cm			裂缝、岩性
声波时差	AC 或 DT	μs/m 或 μs/ft	1.000	10.0～20.0	岩性、岩性结构、孔隙度、岩石孔隙间的填隙物、岩石埋藏深度、岩石地质年代
中子	CNL 或 NPHI	%	1.000	10.0～20.0	井径、钻井液、泥饼、地层水、温度、天然气、岩性、间隙距离
密度	DEN 或 RHOB	g/cm³	1.000	10.0～20.0	井眼、气、压实、未知矿物、钻井液、岩性
深侧向	LLD	Ω·m	0.600	115.0	井眼、围岩、钻井液侵入、地层厚度
浅侧向	LLS	Ω·m	0.600	30.0～35.0	钻井液电阻率、井径、围岩厚度、侵入带
微电阻率测井	SFLU 或 RFOG 或 MSFL 或 MIL 或 ML 或 PL	Ω·m	0.200	10.0～20.0	泥饼、井眼、钻井液电阻率、井径、地层温度、侵入带
核磁共振	CMR	ms	0.200	2.5	钻井液电阻率、流体性质、岩石孔径分布、噪声与干扰。顺磁物质、增益效应、磁体探头等
元素俘获	ECS	kg/kg	0.457	22.9	测量时的温度和速度、氧化物闭合模型的选择
偶极声波测井	DSI	μs	3.000	15.0	井眼、仪器是否偏心
微电阻率成像	FMI		0.005	2.5	岩性、地层孔洞缝情况、钻井液侵入

2.1　泥质含量解释

　　泥质含量是指砂砾岩骨架中粒径小于 0.0156mm 的细粉砂及黏土占岩石总体积的百分比。泥质含量（V_{sh}）不仅反映地层的岩性，而且与地层有效孔隙度、渗透率、含水饱和度和束缚水饱和度等储层参数有密切关系。因此，准确地计算地层的泥质含量（V_{sh}）是测井储层评价中不可缺少的重要方面。

　　无铀伽马、自然伽马通常都能较好地反映地层泥质含量变化。如果进行自然伽马能谱测井时，优先选用无铀伽马。

$$SH_{GR} = \Delta GR = \frac{GR - GR_{min}}{GR_{max} - GR_{min}} \tag{2-1}$$

　　一般而言，相对值 SH_{GR} 就可以作为泥质含量。为了与其他地质参数有更好的对应关系，也可以引入一个经验系数 GC，按式（2-2）将 SH 转换成 V_{sh}：

$$V_{sh} = \frac{2^{GC \cdot \Delta GR} - 1}{2^{GC} - 1} \tag{2-2}$$

式中，GC 为与地质年代有关的经验系数（据阿特拉斯在美国海湾地区的经验，老地层取 2，古近系—新近系取 3.7）；GR 为无铀伽马/自然伽马，API；GR_{max} 为纯泥岩层的无铀伽马/自然伽马响应值，API；GR_{min} 为纯砂岩层的无铀伽马/自然伽马响应值，API；V_{sh} 为泥质含量，量纲为 1。

2.2　孔隙度解释

2.2.1　密度测井

$$\phi = \frac{(\rho_b - \rho_{ma})}{(\rho_f - \rho_{ma})} - \frac{V_{sh}(\rho_{sh} - \rho_{ma})}{(\rho_f - \rho_{ma})} \tag{2-3}$$

式中，ρ_b 为地层密度，g/cm³；ρ_f、ρ_{ma} 分别为孔隙流体和岩石骨架的密度，g/cm³；ρ_{sh} 泥质的密度，g/cm³。

2.2.2　声波测井

$$\phi = \frac{\Delta t - \Delta t_{ma}}{(\Delta t_f - \Delta t_{ma}) C_p} - \frac{V_{sh}(\Delta t_{sh} - \Delta t_{ma})}{\Delta t_f - \Delta t_{ma}} \tag{2-4}$$

式中，Δt 为地层声波时差，μs/m；Δt_f、Δt_{ma} 分别为孔隙流体与岩石骨架的声波时差，μs/m；Δt_{sh} 为泥质的声波时差，μs/m。

2.2.3 补偿中子测井

一般采用忽略骨架含氢指数的计算方法，即

$$\phi = \phi_N - V_{sh}\phi_{Nsh} \tag{2-5}$$

式中，ϕ_N 为地层补偿中子孔隙度；ϕ_{Nsh} 为泥质的中子孔隙度。

当 V_{sh} 大于泥质截止值时，认为地层为泥岩，此时程序将计算的孔隙度 ϕ 再乘以系数 $(1-V_{sh})$，即 $\phi(1-V_{sh})$ 作为孔隙度值，以便把泥岩与砂岩区别开来。

2.3 饱和度解释

2.3.1 阿尔奇公式

对于孔隙型储层，可以采用阿尔奇（Archie）公式计算含水饱和度：

$$S_w^n = \frac{ab \cdot R_w}{R_t \cdot \phi^m} \tag{2-6}$$

式中，S_w 为地层含水饱和度，小数；m、n、a、b 分别为与岩性及孔喉结构有关的系数；R_t 为地层电阻率，$\Omega \cdot m$；R_w 为地层水电阻率，$\Omega \cdot m$；ϕ 为孔隙度，小数。

Archie 公式的应用效果及深入的岩石物理实验研究表明，Archie 公式适用于具有粒间孔隙结构的纯岩石。Archie 公式表明，含水岩石相对电阻率（即地层因素 F）、含油岩石电阻率增大率（即电阻率指数 I_r）分别仅与岩石孔隙度（ϕ）、含水饱和度（S_w）有关。在双对数坐标系中，F-ϕ、I_r-S_w 关系均为线性关系，直线的斜率取决于指数 m 或 n。

2.3.2 地层水电阻率确定方法

地层水电阻率（R_w）是计算地层含水饱和度（S_w）极为重要的参数，取决于地层水含盐成分、矿化度和温度。随着地层水矿化度和温度的增加，R_w 降低。地层水矿化度（P_w）表示地层水中盐溶液的浓度、常用 mg/L（毫克/升）为单位。

确定地层水电阻率的方法有多种。为了准确地确定解释层段的地层水电阻率，对比研究多种方法确定的 R_w 值是十分重要的。当有地层水样品的电阻率测量值时，应优先使用测量的地层水电阻率值。

利用水分析资料确定地层水电阻率是目前确定 R_w 的一种有效方法。在地层水中，各种离子的迁移率不同，因而其导电能力也不相同。一般以 18℃ 时的 NaCl 溶液为标准（即取 Na⁺、Cl⁻ 的加权系数为 1），确定出其他各种溶液与 NaCl 溶液具有相同电导率时各种离子的等效系数（K_i）。然后按式（2-7）计算出等效 NaCl 总矿化度（P_{we}）：

$$P_{we} = \sum_i K_i P_i \tag{2-7}$$

式中，P_i 与 K_i 分别为第 i 种离子的矿化度与等效系数。

图 2-1 中，按混合溶液总矿化度给出了各种离子的等效系数（K_i）。另外，对于几种稀有离子，可用固定的等效系数（表 2-2）。

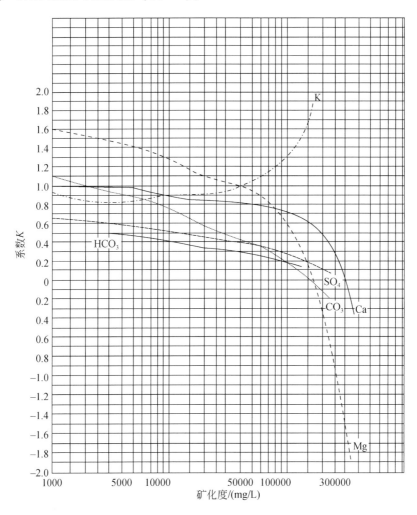

图 2-1　按混合溶液的总矿化度确定各种离子的等效系数

表 2-2　稀有离子等效系数表

离子	Br⁻	I⁻	Li⁻	NO⁻³	NO⁻²	NH⁺⁴
K_i	0.44	0.28	2.5	0.55	0.8	1.9

根据等效 NaCl 总矿化度，可采用近似方法计算 24℃时地层水电阻率（R_{wn}）：

$$R_{wn} = 0.0123 + 3647.54/P_{wn}^{0.096} \qquad (2\text{-}8)$$

式中，P_{wn} 和 R_{wn} 分别为 24℃时地层水总矿化度（NaCl，mg/L）和地层水电阻率（Ω·m）。

当根据地层水样资料得到地层水总矿化度（NaCL，mg/L）时，可用式（2-8）算出 24℃时的地层水电阻率（R_{wn}），再利用式（2-9）计算出任何温度 T 时的地层水电阻率

$(\Omega \cdot m)$：

$$R_{w} = R_{wn} \left[\frac{24+21.5}{T+21.5} \right] \qquad (2-9)$$

式中，T 为温度，℃。

2.4　多矿物测井解释

2.4.1　双水模型理论基础

黏土颗粒表面的负电荷既可直接吸附极性水分子，又可通过吸附的水合离子而间接吸引极性水分子，从而在黏土表面形成一层薄水膜，称为黏土束缚水。地层水由导电性不同的黏土束缚水、毛管束缚水和可动水组成（毛管束缚水和可动水导电性相同），称为双水模型。

在黏土表面上水膜具有以下特点，如图2-2所示。

（1）水膜内的极性水分子是靠静电引力被吸附在黏土颗粒表面。这层水膜是不动的，常称为黏土束缚水。因为这层水膜是由黏土水化作用产生的，在双水模型中常简称为黏土水。双水模型把远离黏土表面的地层水称为远水，远水的矿化度与普通地层水相同，含有等量的阴离子和阳离子。

（2）黏土颗粒表面的负电荷吸引阳离子而排斥阴离子，因而黏土束缚水中只含阳离子，不含阴离子，黏土束缚水的矿化度比远离黏土表面的地层水矿化度要低。实验分析表明：当干黏土与盐溶液混合并达到平衡状态时，平衡溶液的矿化度降低。例如，从蒙脱石中抽出的水的矿化度只有原来饱和水矿化度的1/5。

（3）在外电场的作用下，被黏土颗粒表面的负电荷吸引的阳离子可以和水溶液中的其他阳离子交换位置，产生导电作用，即阳离子交换作用。表征阳离子交换作用的物理量有：阳离子交换能力（CEC，mmoL/g）和 Q_v（孔隙中黏土的阳离子交换容量，mmoL/cm^3）。

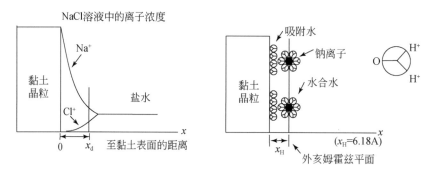

图2-2　黏土表面水化作用形成的水膜

在测井解释时，对黏土有以下两种处理方式。

（1）干黏土：只考虑黏土"单位构造"内的水（structural water），不考虑黏土束缚水（clay bound water）。

（2）湿黏土：要考虑黏土束缚水。

常见的阳离子交换能力如表 2-3 所示。

表 2-3　黏土阳离子交换能力

参数	伊利石	海绿石	高岭石	绿泥石	蒙脱石
$\rho_{\mathrm{dcli}}/(\mathrm{g/cm}^3)$	2.79	2.96	2.59	2.82	2.78
$\mathrm{CEC}_{\mathrm{dcli}}/(\mathrm{mmoL/g})$	0.25	0.23	0.09	0.15	1.00

下面介绍一些关键参数的计算。

1. 黏土束缚水体积

$$V_{\mathrm{cbwi}} = \alpha V_{\mathrm{Q}}^{\mathrm{H}} \mathrm{CEC}_{\mathrm{dcli}} \rho_{\mathrm{dcli}} V_{\mathrm{dcli}} \tag{2-10}$$

式中，V_{cbwi} 为第 i 种干黏土的黏土束缚水体积分数，小数；α 为离子扩散层的扩展因子，量纲为 1；$V_{\mathrm{Q}}^{\mathrm{H}}$ 为黏土水体积系数，即 1mmoL 离子对应的黏土束缚水的体积，$\mathrm{cm}^3/\mathrm{mmoL}$；$\mathrm{CEC}_{\mathrm{dcli}}$ 为第 i 种干黏土的阳离子交换能力，$\mathrm{mmoL/g}$；ρ_{dcli} 为第 i 种干黏土的颗粒密度，$\mathrm{g/cm}^3$；V_{dcli} 为第 i 种干黏土的体积分数，小数。

扩散层的扩展因子 α 由式（2-11）计算：

$$\alpha = \begin{cases} 1 & n_1 \leqslant n \\ \sqrt{\dfrac{n_1}{n}} & n_1 \geqslant n \end{cases} \tag{2-11}$$

式中，α 为扩散层的扩展因子；n_1 为扩散层厚度和 Helmholtz 外平面距离相等时的地层水矿化度，研究表明该矿化度为 0.35mol/cm³（或 20455ppm[①] 氯化钠）；n 为地层水矿化度。

$V_{\mathrm{Q}}^{\mathrm{H}}$ 是温度的函数，表达式为

$$V_{\mathrm{Q}}^{\mathrm{H}} = \frac{96}{T+298} \tag{2-12}$$

式中，T 为温度，℃。

根据式（2-12），引入湿黏土孔隙度的定义：

$$\mathrm{WCLP\_cla}_i = \frac{\alpha V_{\mathrm{Q}}^{\mathrm{H}} \mathrm{CEC}_{\mathrm{dcli}} \rho_{\mathrm{dcli}}}{1+\alpha V_{\mathrm{Q}}^{\mathrm{H}} \mathrm{CEC}_{\mathrm{dcli}} \rho_{\mathrm{dcli}}} \tag{2-13}$$

式中，$\mathrm{WCLP\_cla}_i$ 为第 i 种湿黏土的孔隙度（即在湿黏土中黏土束缚水的体积分数），小数。

黏土束缚水的体积为

$$\mathrm{XBWA} = \sum_{i=1}^{nc} V_{\mathrm{wcli}} \times \mathrm{WCLP\_cla}_i \tag{2-14}$$

---

① 1ppm = 10^{-6}。

式中，XBWA 为黏土束缚水在岩石中的体积分数，小数；V_{wcli} 为第 i 种湿黏土的体积分数，小数；nc 为黏土类型数目，个。

湿黏土 i 的体积分数和干黏土 i 的体积分数的关系式：

$$V_{\text{dcli}} = V_{\text{wcli}} \times (1 - \text{WCLP\_cla}_i) \tag{2-15}$$

引入阳离子交换容量的定义：

$$Q_V = \sum_{i=1}^{nc} \frac{\text{CEC}_{\text{dcli}} \rho_{\text{dcli}} V_{\text{dcli}}}{\phi_t} \tag{2-16}$$

式中，Q_V 为孔隙中黏土的阳离子交换容量，mmoL/cm³。

根据式（2-13）和式（2-16），得出黏土束缚水的饱和度的表达式为

$$S_{\text{wb}} = \frac{\text{XBWA}}{\phi_t} = \alpha V_Q^H Q_V \tag{2-17}$$

式中，S_{wb} 为黏土束缚水的饱和度，小数；ϕ_t 为总孔隙度，小数。

2. 黏土束缚水的性质

地层中黏土束缚水的物性，除了电阻率（或电导）以外，如中子孔隙度、密度和声波时差等，均可采用同一地层的泥浆滤液（低矿物度）的物性。黏土束缚水的电导率计算公式为

$$C_{\text{bw}} = \frac{\beta}{\alpha V_Q^H}, \beta = \frac{T+8.5}{22+8.5} \tag{2-18}$$

式中，C_{bw} 为黏土束缚水的电导率；T 为温度。

2.4.2　基于双水模型的电阻（导）率方程

1）Archie 公式

$$C_t = \frac{\phi_t^m S_{\text{wt}}^n}{a} C_{\text{we}}, C_{\text{we}} = \frac{S_{\text{wt}} - S_{\text{wb}}}{S_{\text{wt}}} C_w + \frac{S_{\text{wb}}}{S_{\text{wt}}} C_{\text{bw}} \tag{2-19}$$

式中，C_t 为地层的电导率，即 $\frac{1}{R_t}$；C_{we} 为地层水的等效电导率；C_w 为地层水的电导率；S_{wt} 为总的含水饱和度；S_{wb} 为黏土束缚水的饱和度，可根据式（2-14）和式（2-17）计算。

2）Linear 电导率公式

$$C_t^{\frac{1}{2}} = C_w^{\frac{1}{2}} \times \phi_t (S_{\text{wt}} - S_{\text{wb}}) + C_{\text{bw}}^{\frac{1}{2}} \times \sum_{i=1}^{nc} V_{\text{wcli}} \times \text{WCLP\_cla}_i \tag{2-20}$$

2.4.3　测井解释的体积模型

根据表 2-3，得到储集岩体积组成表达式：

$$\sum_{i=1}^{nm} V_{\text{mini}} + \sum_{i=1}^{nc} V_{\text{wcli}} + \phi_t = 1 \tag{2-21}$$

式中，nm 为非黏土矿物类型的数目；V_{mini} 为第 i 种非黏土矿物的体积分数；nc 为黏土类型的数目；V_{wcli} 为第 i 种湿黏土的体积分数；ϕ_t 为总孔隙度。

常用的测井曲线有中子孔隙度、体积密度、声波时差、电阻率。如表 2-4 所示，如果已知测井曲线数目小于需要求解的未知量，所以建立的方程组为欠定方程组。为了减少待求解矿物的数目，可采用以下方法降低方程组的未知量个数。

表 2-4　储层体积模型

		石英
骨架（$1-\phi_t$）		钾长石
	石英类	钙长石
		钠长石
非黏土矿物		灰岩
	碳酸盐岩类	白云岩
		铁白云岩
	重矿物	黄铁矿
		蒙脱石
黏土矿物		伊利石
		绿泥石
孔隙空间：黏土束缚水、毛管束缚水和可动水、气		

（1）合并物性相近的矿物，如可以把无机质矿物合并为三类：石英类、灰岩类和黏土矿物，求解三种矿物的体积分数。

（2）在室内岩心矿物组成分析的基础上，不考虑体积含量小（如小于 2.5%）的矿物。

（3）在室内岩心矿物组成分析的基础上，统计矿物体积之间是否存在固定比例关系（如黄铁矿与黏土矿物的比例），可作为附加的约束方程。

由于自然伽马测井曲线受泥质和长石等矿物的综合影响，一般不建议直接使用自然伽马测井曲线。如果有自然伽马能谱（K、TH）和元素测井曲线，可以增加求解矿物的数目。

密度测井曲线的体积响应模型为

$$\rho_b = \sum_{i=1}^{nm}\left(\rho_{\text{mini}}\times V_{\text{mini}}\right) + \sum_{i=1}^{nc}\left[\rho_{\text{dcli}}\times(1-\text{WCLP\_cla}_i)+\rho_{\text{bw}}\times\text{WCLP\_cla}_i\right]\times V_{\text{wcli}}$$
$$+\left[\rho_w\phi_t(S_{\text{wt}}-S_{\text{wb}})+\rho_g\phi_t(1-S_{\text{wt}})\right]$$

$$(2\text{-}22)$$

式中，ρ_b 为密度测井曲线值，g/cm³；ρ_{mini} 为第 i 种非黏土矿物的密度，g/cm³；V_{mini} 为第 i 种非黏土矿物在砂岩中的体积分数，小数；ρ_{dcli} 为第 i 种干黏土的密度，g/cm³；V_{wcli} 为第 i 种湿黏土在砂岩中的体积分数，小数；ρ_{bw} 为黏土束缚水的密度，g/cm³；ρ_w 为孔隙中毛管束缚水的密度，g/cm³；ρ_g 为孔隙中气体的密度，g/cm³。

如果密度测井曲线的探测范围仅在泥浆冲洗带内，则

$$\rho_b = \sum_{i=1}^{nm} (\rho_{mini} \times V_{mini}) + \sum_{i=1}^{nc} [\rho_{dcli} \times (1 - WCLP\_cla_i) + \rho_{bw} \times WCLP\_cla_i] \times V_{wcli}$$
$$+ \rho_{mf}\phi_t(1 - S_{wb})$$

(2-23)

式中，ρ_{mf} 为泥浆滤液的密度，g/cm^3。

因为光电吸收截面指数（PEF）测井曲线是非线性的，不能直接用于体积模型的构建。可以改写为体积截面的测井曲线：

$$U = PEF \times [(\rho_b + 0.1883)/1.0704]$$

(2-24)

式中，U 为体积截面，b/cm^3；PEF 为光电吸收截面指数，b/e；ρ_b 为密度测井曲线，g/cm^3。

可完成体积截面 U、中子测井和声波测井曲线的体积模型方程的构建。

把电阻率方程与声波时差、密度等测井曲线的体积模型的方程联合，采用最优化方法，以室内分析的平均矿物组成和孔隙度值作为初始值，可以求解矿物含量和 ϕ_t、S_{wt} 等参数。

2.5　常规测井流体识别

气水识别常用的方法有重叠法和交会图法两种。

1）测井参数曲线重叠法（简称重叠法）

将三孔隙度测井曲线或者三孔隙度测井曲线解释的孔隙度在剖面上重叠，对流体类型进行判断。其特点是用统一的参数（如孔隙度、电阻率等）、统一的横向比例和统一的基线，绘出两条（或两条以上）测井参数曲线（实测曲线或计算曲线），按照所绘曲线间的关系（重合或者分离：正幅度差或是负幅度差）来评价储集层的饱和性质。这种方法的优点是快速、直观，可作全井段（或解释井段）的解释；缺点是不利于进行各种影响因素的分析，特别是泥质含量影响的分析。

2）测井参数交会图法（简称交会图法）

将两种或三种从不同角度反映含油、气、水特征的测井参数进行交会，构成交会图。根据代表每一类储集层的资料点在交会图上的分布规律，以及交会图的图形显示特点，评价每一类储集层的流体性质。这种方法的优点是有利于进行各种影响因素的分析，易于发现资料质量上的一些问题，也便于进行手工解释；其缺点是不能作全井段（或解释井段）的分析，有可能遗漏一些含油气层。

2.6　岩石力学参数测井解释

岩石力学参数一般指岩石的弹性参数（弹性模量、体积模量、泊松比等）和强度参数（抗压强度、抗张强度、黏聚力等），这些参数是进行油气井钻探设计、制定储层改造措施

和方案设计的重要依据。目前，研究岩石力学参数的方法主要有两种：一是在实验室对岩样进行实测，该方法获得的岩石力学参数称为静态参数；二是用地球物理测井资料计算岩石力学参数，其获得的岩石力学参数称为动态参数。两种参数由于加载的方式不一样，所测得的结果也是不一样的，在实际应用中一般要进行动静参数转换。实验室测定虽然是最直接获取岩石力学参数的方法，但取样困难，且不能进行大量的测试，存在局限性。但测井资料的获取较为容易，且表征地层信息连续。所以，一般利用测井资料来获取连续的岩石力学参数剖面。

由于在常规测井系列中，只进行了纵波时差测试，只有全波列测井才有横波时差。而计算岩石力学参数，最重要的一个基础参数就是横波时差。所以，横波时差的提取是进行岩石力学参数解释和地应力计算的基础工作，而且其提取的精度也直接关系到岩石力学参数解释的精度和可靠性。

2.6.1　横波时差提取

用测井资料提取岩石力学参数时，需要纵横波时差测井资料，但并非每口井都有声波全波列或偶极横波资料。在没有全波列测井和缺乏岩石横波时差资料时，可以通过岩石纵波时差和地层岩性资料，结合各种相关公式转化得到岩石横波时差。目前国内外已有很多文献介绍纵横波速度的反演计算方法，常见的有以下几类。

1）利用现场横波资料构建横波速度模型

基于纵横关系的横波速度模型通常采用水性拟合。

$$V_S = aV_P + b \tag{2-25}$$

式中，V_S 为横波速度，km/s；V_P 为纵波速度，km/s；a、b 为拟合参数。

甘利灯（1990）通过对胜利油田、辽河油田及中原油田 28 口井的全波列测井资料进行拟合，给出

$$V_S = 0.741V_P - 0.694 \tag{2-26}$$

$$V_S = c + \sqrt{aV_P + b} \tag{2-27}$$

式中，c 为拟合参数。

例如，李庆忠（1992）在收集分析前人不同岩性的地震纵、横波速度测量结果的基础上，重点研究了砂岩的速度规律，采用拟抛物线拟合，得出

$$V_S = \sqrt{18.03 + 11.44V_P} - 5.986 \tag{2-28}$$

考虑围压对岩石波速的影响，不同饱和水砂岩岩样的横波速度可以表示为

$$V_S = 0.7118V_P - 0.407 - 0.304\sqrt{V_{cl}} + 0.0435(p_e - e^{-16.7p_e}) \tag{2-29}$$

式中，V_{cl} 为泥质含量；p_e 为有效围压。

2）利用成熟的经验公式构建横波时差曲线

当工区完全没有横波资料或者横波资料可信度非常差时，还可以利用下面三个成熟的经验公式通过已有岩石纵波时差和地层岩性资料来构建横波时差曲线。

$$\Delta t_S = \Delta t_{mas} + (\Delta t_{fS} - \Delta t_{mas}) \frac{\Delta t_P - \Delta t_{map}}{\Delta t_{fP} - \Delta t_{map}} \tag{2-30}$$

式中，Δt_{mas}、Δt_{map} 分别为地层骨架的横波时差与纵波时差，μs/ft；Δt_{fP}、Δt_{fS} 分别为地层流体的横波时差与纵波时差，μs/ft；Δt_P、Δt_S 分别为测井纵波时差与横波时差，μs/ft。

$$\Delta t_S = \frac{\rho_b \Delta t_P^2}{a\Delta t_P + b\rho_b + c} \tag{2-31}$$

式中，ρ_b 为体积密度，g/cm³；Δt_P 为纵波时差，μs/ft；c 为常量，量纲为 1。

需要说明的是，这种方法在密度大的地层应用效果较好，但对砂泥岩剖面，一般的应用效果都较差。

$$\Delta t_S = \frac{\Delta t_P}{\left[1 - 1.15 \dfrac{(1/\rho_b) + (1/\rho_b)^3}{1/\rho_b}\right]^{2/3}} \tag{2-32}$$

陈新和李庆昌（1989）用式（2-32）求取地层中砂岩层段的横波时差值。对于泥岩层段，由于其密度与埋深的关系与砂岩不同，一般利用泥岩的 $\Delta t_S / \Delta t_P$ 值与岩石的体积密度关系确定。根据泥（页）岩密度变化，可以列出泥岩的 $\Delta t_S / \Delta t_P$ 与密度 ρ_{sh} 的关系如下：

$$\Delta t_S / \Delta t_P = A - 0.8(\rho_{sh} - 2.2)/(2.65 - 2.2) \tag{2-33}$$

$$A = \begin{cases} 2.5 & (\rho_{sh} \leqslant 2.2 \, \text{g/cm}^3) \\ 1.7 & (\rho_{sh} \geqslant 2.65 \, \text{g/cm}^3) \end{cases} \tag{2-34}$$

式中，A 为与泥岩密度相关的常数。

2.6.2 岩石抗压强度测井解释

（1）斯伦贝谢的抗压强度第一公式（周文，1998）：

$$\sigma_c = [0.0045(1 - V_{sh}) + 0.08 V_{sh}] E_t \times 7.031 \times 10^{-3} \tag{2-35}$$

式中，σ_c 为岩石抗压强度，MPa；V_{sh} 为泥质含量；E_t 为杨氏模量，MPa。

（2）单轴抗压强度第二公式：

$$\sigma_c = 0.033 \rho^2 V_P^2 \left(\frac{1+\mu}{1-\mu}\right)^2 (1-2\mu)(1+0.78\mu) \tag{2-36}$$

（3）考虑纵波速度和地层深度的关系式（王渊等，2005）：

$$\sigma_c = -8.614 + 141.628 e^{-0.0063 \Delta t_P} + 7.936 \times 10^{-6} h^{1.9742} \tag{2-37}$$

式中，h 为地层深度，m。

2.6.3 岩石抗张强度测井解释

对于岩石抗张强度的解释，根据岩石抗张强度与三轴抗压强度的关系（图 2-3），可以看出：随着三轴抗压强度的增加，岩石的抗张强度也在增加，两者具有较好相关性。

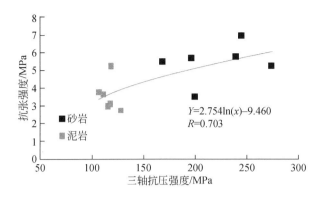

图 2-3　岩石抗张强度与三轴抗压强度的关系

2.6.4　岩石黏聚力和内摩擦角测井解释

一般岩石的黏聚力和内摩擦角与波速和密度的关系最大，但选用不同方法求得的黏聚力可能会具有较大差异。黏聚力（C）可以表示为

$$C=a-b\rho_{\mathrm{b}}^2\left(\frac{1+\mu}{1-\mu}\right)(1-2\mu)\frac{1+0.78V_{\mathrm{sh}}}{\Delta t_{\mathrm{P}}^4} \tag{2-38}$$

式中，a、b 为经验常数。

例如，在川西须家河组的砂泥岩的经验参数见表 2-5。

表 2-5　新场须五段砂泥岩黏聚力和内摩擦角经验参数表

岩性	黏聚力 MPa		内摩擦角/（°）	
	a	b	a	b
砂岩	19.19	2.1923×10^7	48.88	11.43
泥岩	6.944	0.2957×10^7	35.43	14.46

内摩擦角（φ）可以表示为

$$\varphi=a-b\lg\left[M+(M^2+1)^{0.5}\right] \tag{2-39}$$
$$M=0.16-0.197\cdot C$$

2.6.5　其他岩石弹性参数测井解释

系统提取研究区的横波时差资料后，泊松比等岩石弹性力学参数可采用以下公式计算：

泊松比：$\nu=\dfrac{1}{2}\left(\dfrac{\Delta t_{\mathrm{S}}^2-2\Delta t_{\mathrm{P}}^2}{\Delta t_{\mathrm{S}}^2-\Delta t_{\mathrm{P}}^2}\right)$

杨氏模量：$E_{\mathrm{d}}=\dfrac{\rho_{\mathrm{b}}}{\Delta t_{\mathrm{S}}^2}\dfrac{3\Delta t_{\mathrm{S}}^2-4\Delta t_{\mathrm{P}}^2}{\Delta t_{\mathrm{S}}^2-\Delta t_{\mathrm{P}}^2}$

剪切模量：$G = \dfrac{\rho_b}{\Delta t_S^2}$

体积模量：$K = \rho_b \dfrac{3\Delta t_S^2 - 4\Delta t_P^2}{3\Delta t_S^2 \Delta t_P^2}$

式中，Δt_P 为纵波时差，$\mu s/ft$；Δt_S 为横波时差，$\mu s/ft$；E_d 为动态杨氏模量，MPa；ν 为泊松比，量纲为 1；ρ_b 为体积密度，g/cm^3；G 为剪切模量，MPa；K 为体积模量，MPa。

当工区没有任何横波测井资料时，可利用经验公式来计算岩石的弹性参数。通过对墨西哥砂岩地层研究时得到了泊松比和含泥量的关系，即

$$\mu = A \cdot V_{sh} + B \tag{2-40}$$

式中，A、B 为回归出的经验系数，它与地层条件有关，也可以应用自然伽马等测井资料进行求取。

2.6.6　动静弹性参数转换关系

实验测试为力学与声学同步测试。动静态参数之间的转换关系见图 2-4 及图 2-5。对于区分砂岩和泥岩后，拟合效果较好。利用该转换关系可以分别对砂泥岩地层进行弹性参数的测井解释。

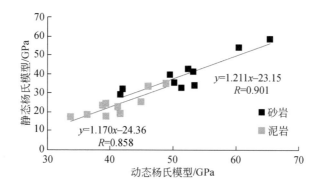

图 2-4　动静态杨氏模型转换关系图

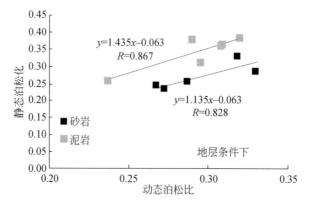

图 2-5　动静态泊松比转换关系图

2.7　现今地应力测井解释技术

2.7.1　垂向应力

20 世纪初，瑞士地质学家 Heim 认为垂向应力主要由上覆岩层重量引起。在有连续采集的密度测井资料的情况下，垂向地应力可以很方便地求得，计算公式为

$$S_v = \int_0^z \rho g \mathrm{d}z \tag{2-41}$$

式中，S_v 为垂向应力，MPa；z 为埋藏深度，m；ρ 为岩石密度（密度测井曲线获得），kg/m³；g 为重力加速度，取值 9.8m/s²。

垂直主应力是通过对体积密度测井曲线的积分求取的，如果没有密度测井，则从声波提取伪密度曲线，通过对伪密度曲线的积分，求取上覆地层压力的大小。在实际工作中，由于一些井段（表层、浅部地层或海水环境）没有测井曲线，对于密度曲线，可以用函数来拟合。

对经过预处理好的密度散点数据进行等间距插值，然后采用式（2-42）计算上覆岩层压力梯度散点数据：

$$G_{oi} = \left(\rho_w h_w + \rho_0 h_0 + \sum_{i=1}^n \rho_{bi} \Delta h \right) \Big/ \left(h_w + h_0 + \sum_{i=1}^n \Delta h \right) \tag{2-42}$$

式中，G_{oi} 为一定深度上的上覆岩层压力梯度，g/cm³；ρ_w 为海水密度，g/cm³；h_w 为海水深度，m；ρ_0 为上部无密度测井地层段平均密度，g/cm³；h_0 为上部无密度测井地层段平均深度，m；ρ_{bi} 为测井曲线对应深度点的密度散点数据，g/cm³；Δh 为深度间隔，m。

由测井密度散点数据得出上覆岩层压力梯度数据后，可由式（2-42）将已有数据回归为深度的函数进行外推，得到浅部或深部无密度测井数据的地层段上覆岩层压力梯度，进而再由式（2-43）得到整个地层连续的单井垂直主应力剖面。

$$G_{oi} = A + BH - Ce^{-DH} \tag{2-43}$$

式中，A、B、C、D 为模型回归系数；H 为埋深，m。

$$\begin{cases} S_v = 10^{-3} \cdot G_{oi} \cdot g \cdot H \\ \sigma_v = S_v - P_b(h) \end{cases} \tag{2-44}$$

式中，S_v 为上覆岩层压力，MPa；σ_v 为垂直主应力，MPa；$P_b(h)$ 为埋深 h 时对应的地层孔隙压力，MPa。

2.7.2　黄氏模型

黄荣樽等（1995）在进行地层破裂压力预测时，建立了水平方向上的两个构造应力分量的黄氏模型，已在油田得到推广应用：

$$S_{Hmax} = \left(\frac{\mu}{1-\mu} + A \right)(S_v - \alpha P_p) + \alpha P_p \tag{2-45}$$

$$S_{\text{hmin}} = \left(\frac{\mu}{1-\mu}+B\right)\left(S_v - \alpha P_p\right) + \alpha P_p \qquad (2\text{-}46)$$

式中，P_p 为孔隙流体压力，MPa；α 为 Biot 弹性系数，量纲为 1；A 和 B 分别为最大水平应力方向和最小水平应力方向的构造应力系数，小数。

该模型的水平地应力由两部分组成：①受重力作用，水平主应力为 S_v 和泊松比的函数，即 $\frac{\mu}{1-\mu}S_v$；②由构造运动所产生的附加应力，构造应力在两个方向上通常都存在，而且是不相等的。

可根据阵列声波测井（纵、横波时差）和密度测井计算岩石力学参数。然后，需要用室内测试的岩石力学参数标定测井资料获取的动态岩石力学参数，从而提高解释的精度。

Biot 弹性系数（α），也称岩石孔弹性系数，通常与应力孔隙压力密切相关，它是衡量孔隙压力对有效应力作用程度的一个重要参数。测井计算孔隙流体压力的方法有等效深度法、Bowers 法、有效应力法和伊顿法等。

2.7.3 ADS 法

利用声波时差及密度测井资料，计算出地层泊松比、杨氏模量、剪切模量、体积模量值等力学参数后，可以进一步求得现今地应力值（即 ADS 法），计算公式如下：

$$\begin{cases} \sigma_x = \mu_g \dfrac{\mu}{1-\mu}\sigma_v + \mu_g \dfrac{1-(1+\mu_g)\mu}{1-\mu}\left(1-\dfrac{C_{\text{ma}}}{C_b}\right)P_p \\ \sigma_y = \dfrac{\mu}{1-\mu}\sigma_v + \dfrac{1-2\mu}{1-\mu}\left(1-\dfrac{C_{\text{ma}}}{C_b}\right)P_p \end{cases} \qquad (2\text{-}47)$$

式中，σ_x、σ_y 为 x、y 方向水平应力，MPa；σ_v 为垂向应力，MPa；μ_g 为地层水平骨架应力的非平衡因子，量纲为 1；P_p 为孔隙压力，MPa；C_{ma}、C_b 为岩石骨架压缩、岩石体积压缩系数。

其中，μ_g 可以利用双井径资料获取，计算公式如下：

$$\mu_g = 1 + k\left[1-\left(\frac{d_{\min}}{d_{\max}}\right)^2\right]\frac{E_b}{E_{\text{ma}}}$$

式中，$d_{\min}$、$d_{\max}$ 分别为测点井眼直径的最小值、最大值，cm；E_b、E_{ma} 分别为岩石、岩石骨架的杨氏模量，MPa；k 为刻度系数，量纲为 1。

当然，μ_g 也可以利用实测应力值进行反推。

测井资料求取地应力方法方便易于推广，但这种间接的计算方法与实际的地应力值有一定的偏差，需要利用其他方法对其结果进行校正（井壁崩落法、差应变法、压裂法等）。

采用 ADS 模型进行测井地应力计算，模型中涉及的地层孔隙压力采用前述方法计算，而垂直应力计算一般利用密度曲线积分。

第3章 致密砂岩气藏储层构型及储量计算

通过储层构型可以准确地表征储层内部层次性结构的物理形态与空间分布，预测气水分布和有利富气区，为储量丰度计算、地质甜点优选和剩余气分布预测提供重要依据。本章围绕致密砂岩气藏储量评价介绍了储层构型的基本方法、储层下限确定方法、有效厚度划分方法、含气边界及含气面积确定方法、储量计算方法。

3.1 储层构型

储层构型也称储层建筑结构，指储层及其内部构成单元的规模尺度、结构、分布及其相互叠置关系。其理论方法可在三维空间上详细解剖储集层沉积体的建筑结构要素和界面，以解决如下问题：①了解储集层沉积体的空间几何形态、大小和展布；②了解沉积体的内部结构；③确定沉积体的非均质性；④建立定量的沉积模式。

储层构型的主要研究内容如表3-1所示。

表3-1 储层构型的主要研究内容

大类	小类	具体内容
构型层次划分	Miall 的分级方案	河流相构型研究时采用的数序与级次相同的划分方案
	Mutti 和 Normark 等的倒序分级方案	深海浊流沉积采用的划分方案
构型单元	上下界面特征	侵蚀或过渡
	几何学特征	砂体形态及分布样式、构型单元叠置方式、构型单元的规模
	规模	厚度、平行或垂直水流方向的延伸范围
	岩性	岩相组合、垂向层序
	内部几何形态	内部界面构成与特征及其与其他界面的关系：平行、截断、上超、下超
	古流形式	水流方向
渗流屏障	层间隔层	构型层次、岩相类型、厚度、分布范围
	侧向隔挡体	隔挡体类型、构型层次
	联通体内部夹层	类型、产状、厚度、侧向延伸范围、频率
构型模式	层次划分	相型识别、构型级次划分
	模式拟合	模式预测、模式拟合

3.1.1　构型层次划分

在确定相类型的前提下,对储层层次进行划分。不同相类型的层次划分有所区别,不同级次的构型单元类型及特征也有区别。

表3-2 给出了陆相沉积储层的初步层次划分方案供参考,表中构型级别分为7级,构型单元层次按倒序从1级到7级,构型界面则按正序从6级到0级。

表3-2　陆相主要沉积储层初步层次划分方案

构型级别		冲积扇	辫状河	曲流河	三角洲	滩坝	浊积扇
构型单元	构型界面						
1级	6级	冲积扇体	河谷/河道带	河谷/河道带	三角洲体		浊积扇体
2级	5级	辫流带	河道	河道	坝复合体/水道复合体	滩坝复合体	扇朵叶体
3级	4级	辫流体	心滩坝/辫状河道	点坝/废弃河道	单一坝体/分流河道	滩/坝	单一水道体
4级	3级	流沟/砂坝	垂积体/落淤层/串沟	侧积体/侧积层	韵律层	增生体	增生体
5级	2级	层系组	层系组	层系组	层系组	层系组	岩相/层系组
6级	1级	层系	层系	层系	层系	层系	层系
7级	0级	纹层	纹层	纹层	纹层	纹层	纹层

构型界面是指一套具有等级序列的岩层接触面,能够将地层分隔为同期、成因相似的地质结构体(吴胜和等,2012),曲流型分流河道储层构型分级示意图如图3-1所示。

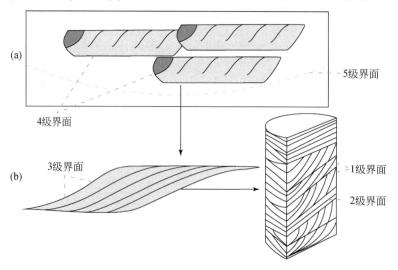

图3-1　曲流型分流河道储层构型分级示意图

以浅水三角洲的分流河道为例，储层构型界面级次划分方案如表 3-3 所示。

表 3-3　曲流型分流河道构型界面分级与 Miall 分级方案对比

构型界面	研究区构型单元	Miall 分级构型单元
5 级	复合河道砂体	河道充填复合体
4 级	单一分流河道砂体	点坝或心滩坝
3 级	侧积体	增生体
2 级	交错层系组	层系组
1 级	交错层系	层系

1. 5 级构型单元

5 级构型界面是单一分流河道砂体构成的复合砂体边界面，与 Miall 的构型分级方案类似，本次划分方案中 5 级构型单元是复合河道砂体或分流带。构型单元内发育复合河道砂体，是由于平面上同一分流河道频繁迁移摆动或垂向上多条单河道相互切叠而成。分流河道之间的相互叠置和交切，使其平面上常呈连片分布，叠置关系及连通方式的复杂性使复合河道砂体呈现出较强的非均质性，可将其作为独立的开发单元。

2. 4 级构型单元

4 级构型界面是单一分流河道的砂体边界，具有独立的空间分布，河道砂体与上、下砂体间有泥岩或者不渗透隔层分布。即使单河道与相邻砂体相连接，中间没有隔层发育，但内部流体大体属于一个独立的系统，构成相对独立的油气藏单元。单一分流河道储层构型解剖的重点是分流河道砂体的几何形态和空间分布关系的描述。分流河道砂体以废弃河道为边界，砂体尺寸规模决定了开发井型和开发方案的部署。

3. 3 级构型单元

3 级构型界面是单一分流河道砂体中的侧积层界面，多期侧积体共同组成了 3 级构型单元。3 级构型单元的解剖关键是侧积层的识别及定量表征，侧积层岩性多为泥岩，物性较差，影响了构型单元体内部的连通性，从而影响开发效果。

3.1.2　单砂体识别

单砂体是指在自身内部垂向上和平面上连续，但与其上、下砂体间被泥岩等不渗透夹层分隔的砂体。在小层范围内，单一微相砂体是单储层构型特征解剖的基础。

单砂体剖面划分与对比建立在地层划分与对比的基础之上。储集层单砂体细分的实质就是对分支河道与水下分支河道形成的复合河道砂体进行单一期次河道砂体识别，查明单砂体间的接触关系，从垂向和平面两个方向入手，逐步解剖认识复合砂体内部的非均质特征，而最终明确单一期次河道单砂体的空间展布及连通关系。

研究中以小层为单位，采用小层顶面拉平的连井小层对比技术；在垂向上利用泥质夹层、钙质夹层等沉积间断面确定单期次的河道砂体；在平面上根据邻井砂体层位差异、测井曲线形态变化及砂体横向上厚度的变化趋势等，确定出单体河道边界，从而识别出复合河道砂体内的河道单砂体。

沉积间断面是指在纵向沉积层序中一期连续稳定沉积结束到下一期连续稳定沉积开始之间形成的有别于上、下邻层的特征岩性，主要有泥质夹层、钙质层、物性夹层或均一叠加砂岩电测曲线突变层三种类型。

（1）泥质夹层。在多期次叠加的复合河道中，泥质夹层代表了一期河道沉积结束到下期河道沉积开始之间短暂的细粒物质沉积。这种泥质夹层是识别两期河流沉积的重要标志，在横向上往往不稳定，追溯对比泥质夹层有一定难度，有时泥质夹层较薄，测井曲线上常表现出物性夹层的特点。

（2）钙质层。钙质层在研究区复合砂体内部也有发育，它是局限于浅水环境与蒸发环境的产物。尤其是复合砂岩中部含钙，代表了一期河道发育后，原河床水体不流畅，长期处于浅水蒸发环境，形成钙质层；当后期洪水到来时，除已有河床充满水外，原废弃河床再次复活，形成新的浅河道，带来砂质沉积覆盖在钙质层上。砂岩中部钙质层在现代三角洲分流平原沉积中普遍存在，因此，也是鉴别两期河道沉积的重要标志。

（3）物性夹层或均一叠加砂岩电测曲线突变层。复合河道砂的复杂性在于多期次河道冲刷充填叠加，但是由于两期河流气候、物源、坡降（局部坡降）、流速、流量、输砂量等方面的差异，造成河道砂体粒径、分选性、储集层物性等的差别，反映在微电极和深、浅侧向测井曲线上出现一个台阶，这种台阶的接触面可认为是沉积间断面。

3.1.3　单砂体形态参数

单砂体形态的定量参数包括砂体的长度、宽度及厚度三维定量参数，如图 3-2 所示。

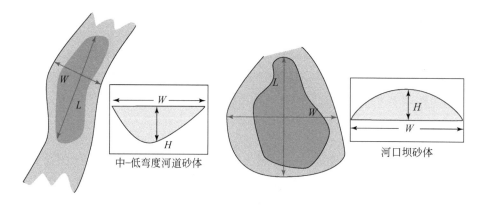

图 3-2　鄂尔多斯盆长 7 段水下分流河道砂体与河口坝砂体三维参数度量示意图（王勃力，2020）

W 为河道满岸宽度；H 为河道厚度；L 为河道长度

（1）砂体厚度：直接从测井剖面读取；

（2）砂体长度：即砂体的长轴，顺物源方向连井剖面确定；

（3）砂体宽度：即砂体的短轴，垂直物源方向连井剖面确定。

单砂体形态参数确定的关键是确定平面上单体河道的边界。主要从以下四个方面综合确定不同单体河道的边界。

（1）根据不连续的河间砂和废弃河道来判断。出现河道侧翼砂体以及废弃河道砂体，是不同单体河道边界最可靠的证据。河道侧翼电测曲线特征为低幅齿化，废弃河道电测曲线特征为底部指状、上部平直。

（2）根据相邻井间的砂体层位差异判断。同一单体河道的砂体层位在横向上基本相当或者是渐变的，如果邻井层位差异大于厚度的三分之一，则推测存在不同单体河道边界。

（3）根据横剖面上砂体厚度和岩石物性的变化趋势判断。从河流中心到边部，砂体厚度逐渐变薄、物性逐渐变差，因此砂体厚度由厚到薄再变厚的过程中可能存在不同单体河道边界。

（4）根据测井曲线组合形态、韵律的变化特征判断。测井曲线的形态和韵律是水动力条件的直接反应，因此，如果测井曲线形态和韵律变化较大，则可能存在不同单体河道边界。在确定了单体河道的走向、宽度和边界后，就可以对复合砂体进行单体河道识别和平面组合。

以下为一些典型砂体定量参数统计方法。

1. 点坝规模

利用沉积微相平面分布特征可以对点坝的长度和宽度逐一进行统计，结合经验公式，确定平均点坝长度、点坝宽度及河道宽度（图3-3）。

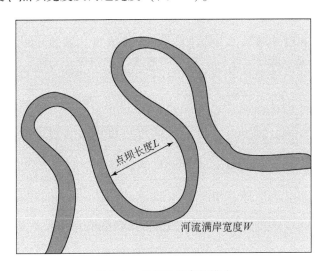

图 3-3　点坝规模参数模式

根据岳大力等（2007）对曲流河的特征统计和回归，得出河流满岸宽度与点坝长度的关系式（3-1），点坝长度与河流满岸宽度呈正相关关系。

$$L = 0.8531 \ln W + 2.4531 \qquad (3-1)$$

式中，L 为点坝长度，km；W 为河道满岸宽度，km。

2. 侧积体规模

侧积是明显的凹岸侵蚀与凸岸堆积的过程，侧积体的规模可以用侧积层的延伸长度来进行表征。陈德坡等（2019）研究发现侧积层的最大延伸长度约等于河道满岸宽度的 2/3。

$$w_L = \frac{2}{3} W \qquad (3-2)$$

$$\lg W = 1.54 \lg d + 0.83 \qquad (3-3)$$

式中，w_L 为侧积层的延伸长度，m；d 为河道满岸深度，m。

3. 侧积层倾角

侧积层倾角反映河道侧向迁移规律。侧积层倾向是沿废弃河道方向，而侧积层倾角由于水动力条件不同也存在不同。目前主要采用经验公式法和对子井法对侧积层倾角进行预测。

1）经验公式法

Leeder（1973）提出的经验公式表征了侧积层倾角、河道满岸深度、河道满岸宽度之间的关系，是目前国内外最为成熟的方法之一。

$$W = \frac{1.5d}{\tan\gamma} \qquad (3-4)$$

式中，γ 为侧积层倾角，（°）。

2）对子井预测法

如图 3-4 所示，在密井网区，当邻井井距小于 50m 时，若连井剖面近似垂直于河道砂体，可采用对子井法确定两口井上同一夹层的产状（王松等，2018）。

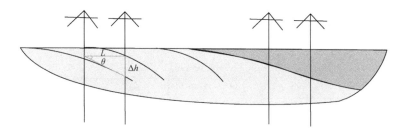

图 3-4　对子井法概念模式图

在确定相邻对子井井距时，统计两井钻遇同一侧积层的高程差后，可根据式（3-5）计算侧积层的倾角。

$$\tan\theta = \Delta h / L \qquad (3-5)$$

式中，Δh 为两井的侧积层高程差，m；L 为对子井井距，m。

侧积层平面上一般呈新月形，剖面上通常发育在点坝的中上部三分之二的位置，由于经常受到下次的洪水冲刷作用，其宽度小于侧积体宽度。已知侧积层倾角及厚度的情况下，代入式（3-6）中可以计算侧积层密度：

$$\rho = \tan(\alpha)/d \tag{3-6}$$

式中，ρ 为侧积层密度，m^{-1}；α 为侧积层倾角，(°)；d 为侧积体平均厚度，m。

3.1.4 储层构型模式

储层构型模式是在单砂体识别和形态参数总结以及井间砂体对比的基础上总结出的单砂体垂向叠加与平面接触关系。

在构型模式建立方面，徐波等（2019）总结出了浅水三角洲前缘水下分流河道的空间叠置关系（图3-5），将砂体的剖面叠置样式分为分离式、叠加式和叠切式三大类，平面（即侧向）的叠置样式分为分离式、相变式、对接式和切割式四大类。王勃力（2020）通过典型密井网区的解剖，建立单砂体定量参数，对河道砂体进行半定量或定量表征，构建储层构型模式（图3-6）。

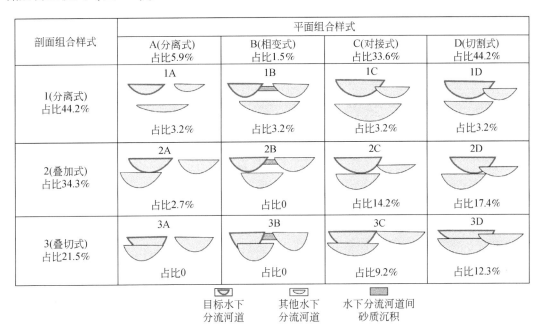

图 3-5 浅水三角洲前缘水下分流河道砂体空间叠置模式（据徐波等，2019）

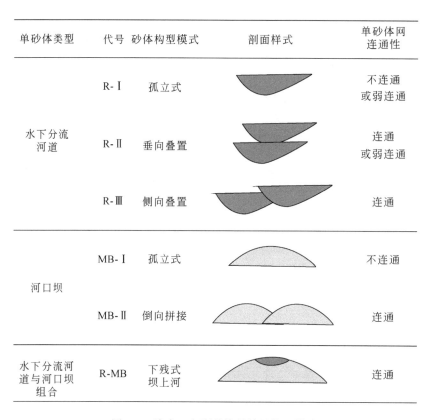

单砂体类型	代号	砂体构型模式	剖面样式	单砂体网连通性
水下分流河道	R-I	孤立式		不连通或弱连通
	R-II	垂向叠置		连通或弱连通
	R-III	侧向叠置		连通
河口坝	MB-I	孤立式		不连通
	MB-II	倒向拼接		连通
水下分流河道与河口坝组合	R-MB	下残式坝上河		连通

图 3-6　浅水三角洲前缘单储层构型模式

3.2　储层下限确定

储层下限的确定方法是以岩心资料为基础，以测井解释为手段，以试气验证为依据，统计建立下限标准。通过对储层的物性下限研究，结合四性分析和测井资料（参见第 2 章），可进一步完成气层有限厚度的划分，进行储量计算。

3.2.1　基于孔渗测试的物性下限

有效孔隙度和有效渗透率下限划分是一种简单的方法。根据试气的资料来定出该地区储集岩的孔隙度和渗透率下限，即岩石的孔隙度和渗透率低于下限值时，就列为无效层段。

在试气中，常用的储量起算标准参见表 3-4 ［《石油天然气储量估算规范》（DZ/T 0217—2020）］。

表 3-4　储量起算标准

气藏埋藏深度/m	天然气单井日产量下限/(10^4m^3/d)
≤500	0.05
>500 ~ 1000	0.1
>1000 ~ 2000	0.3
>2000 ~ 3000	0.5
>3000 ~ 4000	1.0
>4000	2.0

具体方法可以有以下几种。

1. 孔渗交会图法

如图 3-7 所示，根据单层试气结果以及气层的孔隙度和渗透率，绘制气层和干层的孔隙度–渗透率交会图，曲线呈三个阶段：

（1）第一阶段，渗透率随孔隙度迅速增加而增加很小，该段孔隙主要为无效孔隙；

（2）第二阶段，渗透率随孔隙度增加而明显增加，此段孔隙是有一定渗透能力的有效孔隙；

（3）第三阶段，孔隙度增加很小而渗透率急剧增加，此段岩石的渗流能力较强，有微缝的贡献。

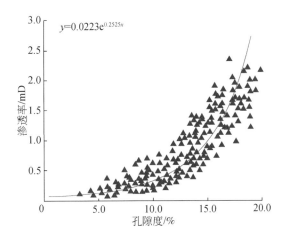

图 3-7　鄂尔多斯盆地上古生界砂岩气层孔渗关系图

综上所述，确定第一、第二阶段的转折点为储集层与非储集层的物性界限。

2. 分布函数曲线法

根据试气结果，在同一坐标系内分别绘制渗透性储层（包括气层、气水同层、差气层、含气水层）和非渗透性储层（干层）的物性频率分布曲线，两条曲线的交点所对应的数值为有效储层的物性下限值（图3-8）。

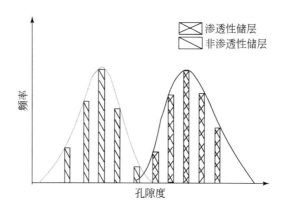

图 3-8　分布函数曲线法求取有效储层物性下限示意图

3. 经验统计法

以岩心测试的孔隙度、渗透率资料为基础，绘制孔隙度和渗透率的分布频率及储能丢失曲线。一般以低孔渗段的累计储渗能力丢失占总累积的 5%～15% 为界限，所对应的孔隙度和渗透率值作为孔隙度和渗透率的下限值（图3-9）。其中，孔隙度储气能力、渗透率产气能力公式为

$$Q_{\phi i} = \phi_i H_i \Big/ \sum_{i=1}^{n} \phi_i H_i \tag{3-7}$$

$$Q_{Ki} = K_i H_i \Big/ \sum_{i=1}^{n} K_i H_i \tag{3-8}$$

式中，$Q_{\phi i}$ 为孔隙度储集能力；Q_{Ki} 为渗透率储集能力；H_i 为样品长度或储集层厚度，m；ϕ_i 为孔隙度；K_i 为渗透率，mD[①]。

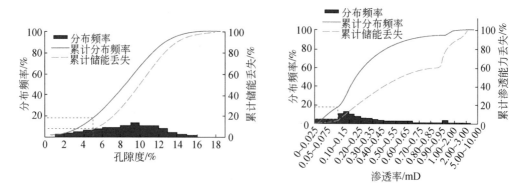

图 3-9　孔隙度、渗透率分布直方图与累计储渗丢失（盒8段）

---

① 1mD = $10^{-3}\,\mu m^2$。

3.2.2　基于压汞实验的物性下限

压汞驱替岩样中润湿相的过程，与地下气相驱替地层水的过程相似。在不考虑气藏水动力条件的前提下为

$$r_t = \frac{2\sigma \cdot \cos\theta}{\Delta\rho \cdot g \cdot Z} \tag{3-9}$$

式中，r_t 为临界喉道半径、最小含气喉道半径或最小流动喉道半径；σ 为气水界面张力；θ 为岩石的润湿角；$\Delta\rho$ 为气水密度差；g 为重力加速度；Z 为气柱高度。

在具体运算时，气藏高度可采用构造的闭合高度。表面张力 σ 以及气水密度差 $\Delta\rho$ 应转化为地下值。油气进入储层前，岩石长期受地层水接触，所以岩石是强亲水的，润湿角 θ 值可以取零度。对于同一地区的气藏，σ、θ 以及 $\Delta\rho$ 可近似地视为常数，那么 r_t 与 Z 互为倒数，即①气柱高度越大，天然气所能进入的临界喉道半径就越小，岩石的含气饱和度就越高；②在同一气柱高度条件下，临界喉道半径值越大，天然气所能进入的孔隙就越多，岩石的含气饱和度也越高。根据上述原理，可以推导出以下方法。

1. $\phi \sim R_{50}$ 法确定储层的孔隙度下限

一般而言，孔隙型储层的中值喉道半径（R_{50}）与孔隙度之间存在一定的相关性，可以回归两者之间的相关方程。因此，在测得临界喉道半径值后，将临界喉道半径值代入方程，即可获得该区储层的孔隙度下限值。

如图 3-10 所示，先绘制储层的孔隙度与中值喉道半径的散点图。孔隙度与中值喉道半径之间均具有较好的正相关性：随孔隙度增大，中值喉道半径随之增大。将求得的临界喉道半径值代入此方程，可以求得储层的孔隙度下限。

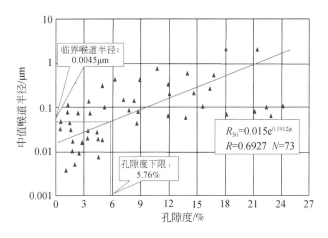

图 3-10　储层的 $\phi \sim R_{50}$ 关系图

2. 微孔喉体积法确定储层的孔隙度下限

微孔喉是指孔喉半径小于临界喉道半径的那部分孔隙，由压汞实验中的进汞饱和度可以确定岩样的微孔喉体积。一般认为微孔喉在油气渗流中无效，即岩样中微孔喉体积越多，其储渗性能越差。因此，依据微孔喉体积与孔隙度之间的相关性，可以确定储层的孔隙度下限。

3. 利用 $P_d \sim \phi$ 关系法确定储层的孔隙度下限

岩石的排驱压力是划分岩石储集性能好坏的主要指标之一，它与岩石的孔隙度和渗透率关系密切。一般来说，孔隙度高、渗透性好的岩样，其排驱压力就低。根据储层岩石的排驱压力与孔隙度之间的相关关系，同样可以确定储层的孔隙度下限。

如图 3-11 所示，储层段的孔隙度与排驱压力之间呈幂函数关系，相关性较好。当孔隙度小于 3% 时，排驱压力增加较快，一般大于 2MPa；当孔隙度大于 3% 时，排驱压力缓慢降低，一般不超过 2MPa。由此可见，孔隙度 3% 可视为储层的孔隙度下限。

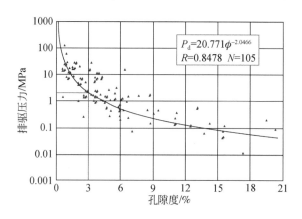

$$P_d = 20.771\phi^{-2.0466}$$
$$R = 0.8478 \quad N = 105$$

图 3-11　某储层段的孔隙度与排驱压力关系图

4. 利用退汞效率确定储层的孔隙度下限

退汞效率的大小主要取决于孔隙与喉道直径的比值，孔喉直径比越小，退汞效率越高。

如图 3-12 所示，绘制储层段的孔隙度与退汞效率的散点图，可以发现，当孔隙度小于等于 3% 时，退汞几乎为 0；当孔隙度大于 3% 时，退汞效率有随孔隙度的增大而增大的趋势。

3.2.3　基于产能模拟法的物性下限

产能模拟法通常用于对其他方法确定的储集层物性下限的准确性进行验证，或者在试油试气资料较少的情况下对储集层物性下限进行预测。黄大志和向丹（2004）、刘成川

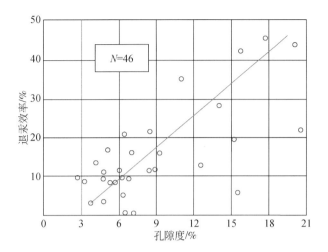

图 3-12　某储层孔隙度与退汞效率的散点图

（2005）、董立全（2005）、王璐等（2017）运用实验室特殊分析实验方法和产能模拟资料多次研究并确定储层物性下限，经矿场实际应用取得了很好的效果。

　　在产能模拟法中，假设实验条件下的气体临界流速等于矿场条件下的气井临界流速，实现实验临界流量与气井临界产量之间的转换，然后将气井临界产量作为该气井的合理产量。

　　在确定气藏储集层物性下限过程中，近似地将单井生产压差设定为产能模拟的实验压差。但是，岩心尺度与单井控制区域尺度相差较大，导致岩心出口端的流体流速与油气井井筒端的流体流速并不相等，会增大预测误差。为此，在进行产量相似换算之前，应该加入压差相似转换，根据换算后的结果设定实验压差，确保流体流速相等。

1. 利用流速近似进行相似准则换算

　　线性流气体流速：

$$v_{linear} = \frac{k}{u} \frac{p_e^2 - p_{w1}^2}{l} \frac{1}{2p_1} \tag{3-10}$$

式中，p_e 为初始地层压力，MPa；l 为岩心长度，m；p_{w1} 为实验下游压力，MPa；p_1 为岩心任意一点的压力，MPa；k 为储集层渗透率，mD；u 为气体黏度，mPa·s。

　　径向流气体流速：

$$v_{radial} = \frac{k}{u} \frac{p_e^2 - p_{w2}^2}{\ln \dfrac{r_e}{r_w}} \frac{1}{2p_2 r} \tag{3-11}$$

式中，p_{w2} 为井底流压，MPa；r_w 为井筒半径，m；r_e 为直井控制半径，m；p_2 为储集层任意一点的压力，MPa。

　　根据气体流速近似 $v_{linear} = v_{radial}$，得

$$\frac{k}{u}\frac{p_e^2-p_{w1}^2}{l}\frac{1}{2p_1}=\frac{k}{u}\frac{p_e^2-p_{w2}^2}{\ln\dfrac{r_e}{r_w}}\frac{1}{2p_2 r} \tag{3-12}$$

在近井地带，取 $p_1=p_{w1}$，$p_2=p_{w2}$，$r=r_w$，由式（3-12）得

$$p_{w1}^2+\frac{(p_e^2-p_{w2}^2)l}{p_{w2}r_w\ln\dfrac{r_e}{r_w}}p_{w1}=p_e^2 \tag{3-13}$$

通过式（3-13）可以看出，只要给定油气井生产时的井底压力，便可以得到产能模拟实验时需要设定的岩心出口端压力，而岩心长度与单井控制区域尺度之间的对比关系决定了实验压差与生产压差之间的对应关系。

2. 产量相似转换

根据流量相似准则，矿场生产井地面标准状况下气体流速应等于实验室岩心样品标准状况下单位面积气体流速，则

$$v_s=v_s' \tag{3-14}$$

由于

$$v_s=\frac{Q}{2\pi r_w h},\ v_s'=\frac{Q_R}{\pi\,(d/2)^2} \tag{3-15}$$

得

$$Q=\frac{69.12Q_R r_w h}{d^2} \tag{3-16}$$

式中，Q 为矿场气井产量（标准状况），m^3/d；r_w 为井筒半径，m；h 为储层厚度，m；Q_R 为标准垂直流动岩心流量（标准状况），ml/s；d 为岩心直径，cm。

假设已知研究区常用生产压差，利用压力转换公式［式（3-13）］可以得到实验压差；通过设定实验压差进行产能模拟实验测得油气流量，再根据现有的产量转换公式［式（3-16）］，便可以得到单井径向流条件下的日产油气量；然后将该产量与工业油气流标准进行对比，制定研究区储集层物性下限标准。

图 3-13 为川西某致密气藏产能模拟法储层下限实例。采用井下岩心在实验室全模拟地层条件下，由低到高分别建立不同的生产压差做渗流模拟实验。在获得单向渗流速度基础上，转换成径向流动条件下的日单井产气量，从而建立不同生产压差下岩心物性与产量的数学关系模型。假设储层平均厚度为 10m，生产压差为 5MPa，最低工业气流标准要求为 $2\times10^4 m^3/d$，对应孔隙度下限为 4.3%。

3.2.4　含水饱和度上限确定

1. 类比法

如果存在相似气藏特征（埋藏深度、地层层位、岩性、物性、地层压力等）的同类气

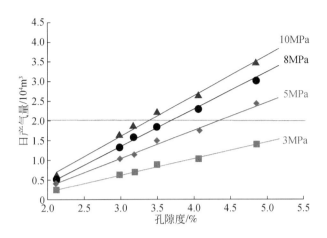

图 3-13　实验室全模拟不同生产压差下产量与储层物性关系（储层厚度为 10m）

藏，可以参考同类气藏类比取值。

2. 岩心孔饱法

通过对气藏的岩心开展下述三种分析：压汞、相渗透率和离心核磁饱和分析，测定束缚水饱和度。在此基础上，分析样品束缚水饱和度（S_{wi}）和孔隙度（ϕ）之间的经验公式。

以四川某致密气藏为例：$S_{wi} = 687.92\phi^{-1.246}$（图 3-14），在得到的关系式中代入确定的孔隙度下限值 7.0%，求得含水饱和度上限为 60%。

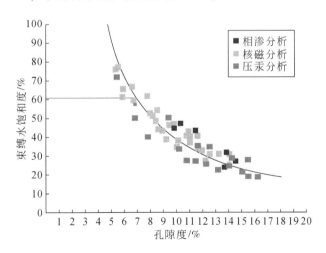

图 3-14　岩心实验的孔隙度-束缚水饱和度关系图

3.3　有效厚度划分

气层有效厚度是达到起算标准的那部分储层的厚度。对于不同类型的地质储量，有不同的有效厚度确定要求。

1. 探明地质储量的有效厚度

探明地质储量的有效厚度标准和划分要求如下。

1）有效厚度标准的确定

（1）应分别制定气层、气水同层划分和夹层扣除标准；

（2）应以岩心分析资料和测井解释资料为基础，测试资料为依据，在研究岩性、物性、电性与含气性关系后，确定其有效厚度划分的岩性、物性、电性、含气性等下限标准；

（3）储层性质和流体性质相近的多个小型气藏，可制定统一的标准；

（4）借用邻近气藏下限标准应论证类比；

（5）应使用多种方法确定有效厚度下限，并进行相互验证；

（6）有效厚度标准图版符合率大于80%。

2）有效厚度的划分

（1）以测井解释资料划分有效厚度时，应对有关测井曲线进行必要的井筒环境（如井径变化、泥浆侵入等）校正和不同测井系列的标准化处理；

（2）以岩心分析资料划分有效厚度时，气层段应取全岩心，收获率不低于80%；

（3）有效厚度的起算厚度为0.2~0.4m，夹层起扣厚度为0.2m。

2. 控制地质储量的有效厚度

控制地质储量的有效厚度，可根据已出气层类比划分，也可选择邻区块类似气藏的下限标准划分。

与探明区（层）相邻的控制地质储量的有效厚度，可根据本层或选择邻区（层）类似气藏的下限标准划分。

3. 预测储量的有效厚度

预测地质储量的有效厚度，可用测井、录井等资料推测确定，也可选择邻区块类似气藏的下限标准划分，无井区块可用邻区块资料类比确定。

与探明或控制区（层）相邻的预测地质储量的有效厚度，可根据本层或选择邻区（层）类似气藏的下限标准划分。

3.4　含气边界及含气面积

有效储层一般为具有工业含气性的渗透性砂岩、砾岩等，非有效储层一般为泥岩，或相对低渗透的砂岩等。在储量计算中，需要在平面上确定有效储层与非有效储层的分界线，即有效厚度的零线。在分界线的一侧，具有储层有效厚度，钻遇井段具有工业含气性；在分界线的另一侧，只有非有效储层，钻遇井段不具有工业含气性。

在气田开发中，还常用到一个与此类似的界限，即岩性尖灭线，如砂岩相变为泥岩的接线。在河流相沉积的砂体，由于河床宽度不大，水体深度不一，砂体侧向厚度变化剧烈。国内的河道砂岩储层较多，岩性尖灭特征研究十分重要。杨通佑等（1998）认为，厚层砂岩往往在短距离内陡然尖灭，并不存在厚度越大延伸越远的统计规律。

从概率学角度讲，在一口有效厚度值为0的井与相邻具有有效厚度的井之间，有效厚度零线的位置可能出现在两井之间的任意点上，而且出现的机会相同。有效厚度零线在两井间的中点位置（见图3-15中Ⅲa类），是概率误差最小的简化办法。

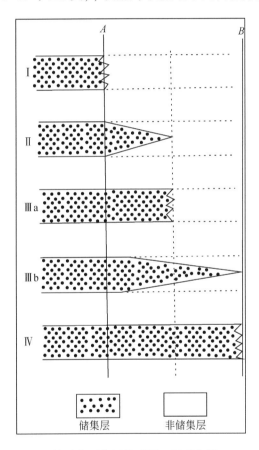

图 3-15 储层尖灭位置模型图（杨通佑等，1998）

同理，在一口有有效厚度的井点与相邻相变为泥岩的井点之间，岩性尖灭线的位置也应在井距1/2处。但是，如图3-16所示，考虑到砂岩物性标准比储层有效厚度物性标准低，砂体末端虽不以楔形递减规律尖灭，但仍存在变差的趋势，应将有效厚度零线定在岩性尖灭线至具有有效厚度的井点之间1/3距离处。杨通佑等（1998）认为，用这种方法圈定的岩性边界，计算平均有效厚度时，宜采用井点面积权衡法或算术平均法，而不宜用等厚线面积权衡法。

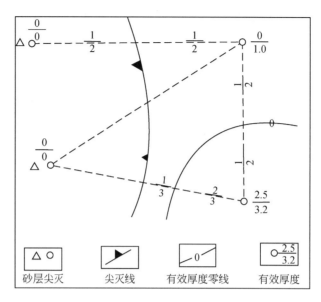

图 3-16　圈定岩性含气边界示意图（杨通佑等，1998）

当井资料较少时，可以根据地震资料和探井的测井解释结果，在地震预测储层厚度发育区内依据气井分布，制定计算边界确定的原则。

以川西的三角洲相气藏为例。该气藏储层发育，具有分流河道横向分布较稳定的特点。气藏类型为岩性圈闭气藏，气层分布主要受有效储层的控制，开发早期未见边底水，为定容弹性气驱的岩性圈闭砂岩气藏。

以气藏顶界地震反射层构造图为基础，以三维地震边界、井分布和测试成果为依据，参考地震储层厚度预测成果图，在地震反演预测的储层发育区内，依据气井分布制定了计算边界确定的原则。

（1）岩性边界：在地震反演预测的储层厚度图基础上，测井解释验证的有效储层累计厚度在 6m（1/8 波长）以上。

（2）以井控确定边界：边界井顺河道外推 1.5km（开发井距的 1.5 倍）。

（3）矿业权线：以矿业权证为边界。

3.5　储量计算方法

3.5.1　地质储量分级

油（气）田从发现起，大体经历预探、评价钻探和开发三个阶段。根据勘探、开发各个阶段对气藏的认识程度，可将气藏储量划分为探明储量、控制储量和预测储量三级。

1. 探明地质储量

探明储量是在油（气）田评价钻探阶段完成或基本完成后计算得到的储量，在现代技术和经济条件下可提供能获得社会经济效益的可靠储量。探明储量是编制气田开发方案、进行气田开发建设投资决策和油（气）田开发分析的依据。

估算探明地质储量，应查明构造形态、气层分布、储集空间类型、气藏类型、驱动类型、流体性质及产能等；流体界面或最低气层底界经钻井、测井、测试或压力资料证实；应有合理的钻井控制程度和一次开发井网部署方案，地质可靠程度高。

探明含油（气）范围的单井稳定日产量是否达到储量起算标准，稳定日产量为系统试采井的稳定产量。试油井可用试油稳定产量折算（不大于原始地层压力20%）压差下的产量代替；试气井可用试气稳定产量折算（不大于原始地层压力10%）压差下的产量代替，或用20%~25%的天然气无阻流量代替。

勘探开发程度符合表 3-5 中的要求。

表 3-5　探明地质储量勘探开发程度要求

地震	已完成二维地震测网不大于1km×1km，或有三维地震，复杂条件除外
钻井	（1）已完成评价井钻探，满足编制开发概念设计的要求能控制含油（气）边界或油（气）水界面 （2）小型及以上气藏的气层段应有岩心资料，中型及以上气藏的气层段至少有个完整的取心削面。岩心收获率应能满足对测井资料进行标定的需求 （3）大型及以上油（气）田的主力气层应有合格的油基泥浆或密闭取心井 （4）疏松气层采用冷冻方式钻取分析化验样品
测井	（1）应有合适的测井系列，能满足解释储量估算参数的需要 （2）对裂缝、孔洞型储层进行了特殊项目测井，能有效地划分渗透层，裂缝段或其他特殊岩层
测试	（1）所有预探井及评价井已完井测试，关键部位井已进行了气层分层测试：取全取准产能、流体性质，温度和压力资料 （2）中型及以上气藏，已获得有效厚度下限层单层试油资料 （3）中型及以上气藏进行了试采或系统试井，低渗透储层采取了改造措施，取得了产能资料 （4）单井稳定日产量达到储量起算标准
分析化验	（1）已取得孔隙度、渗透率、毛管压力、相渗透率和饱和度等岩心分析资料 （2）取得了流体分析及合格的高压物性分析资料 （3）中型及以上气藏宜进行氮气法分析孔隙度

地质认识程度有以下几点。

（1）构造形态及主要断层分布已落实清楚，提交了由钻井资料校正的 1：10000~1：25000 的气层或储集体顶（底）面构造图。对于大型气田，目的层构造图的比例尺可为 1：50000；对于小型断块油气藏，目的层构造图的比例尺可为 1：5000。

（2）已查明储集类型、储层物性、储层厚度、非均质程度；对裂缝-孔洞型储层，已基本查明裂缝系统。

（3）气藏类型、驱动类型，温度及压力系统。流体性质及其分布、产能等清楚。

（4）有效厚度下限标准和储量估算参数，可靠程度高。

（5）已有以开发概念设计为依据的经济评价。

2. 控制地质储量

控制储量是在某一圈闭内预探井发现工业油（气）流后，以建立探明储量为目的，在评价钻探阶段的过程中钻探少数评价井后所计算的储量。该级储量通过地震详查和综合勘探新技术查明了圈闭形态，对所钻的评价井已做详细的单井评价。通过地质-地球物理综合研究，已初步确定气藏类型和储集层的沉积类型，并已大体控制含油（气）面积和储集层厚度的变化趋势，对气藏复杂程度、产能大小和油气质量已做初步评价。所计算的储量相对误差不超过正负50%。

估算控制地质储量，应基本查明构造形态、储层变化、气层分布、气藏类型、流体性质及产能等，或紧邻探明地质储量区，地质可靠程度中等。

勘探开发程度符合表3-6中的要求。

表3-6　控制地质储量勘探开发程度要求

地震	已完成地震详查，主测线距一般为1~2km
钻井	（1）已有预探井或评价井，或紧邻探明储量区 （2）主要含气层段有代表性岩心
测井	采用适合本探区特点的测井系列 解释了油、气、水层及其他特殊岩性段
测试	（1）已进行气层完井测试，取得了产能、流体性质、温度和压力资料 （2）单井日产量达到或低于储量起算标准
分析化验	（1）进行了常规的岩心分析及必要的特殊岩心分析 （2）取得了油、气、水性质及高压物性等分析资料

地质认识程度有以下几点。

（1）已基本查明圈闭形态，提交了由钻井资料校正的1∶25000~1∶50000的气层或储集体顶（底）面构造图；

（2）已初步了解储层储集类型、岩性、物性及厚度变化趋势；

（3）综合确定了储量估算参数，可靠程度中等；

（4）已初步确定油气藏类型流体性质及分布，并了解了产能。

3. 预测地质储量

预测储量是在地震详查以及其他方法提供的圈闭内，经过预探井钻探获得油（气）流、气层或油气显示后，根据区域地质条件分析和类比的有利地区按容积法估算的储量。该圈闭内的气层变化、油水关系尚未查明，储量参数是由类比法确定的，因此只可估算一个储量范围值。预测储量是制定评价勘探方案的依据。

估算预测地质储量，应初步查明构造形态、储层情况，已获得油气流或钻遇气层，或紧邻探明地质储量或控制地质储量区，并预测有气层存在，经综合分析有进一步勘探的价值，地质可靠程度低。单井日产量达到或低于储量起算标准，或钻遇气层，或预测有气层。

勘探开发程度符合表 3-7 中的要求。

表 3-7　预测地质储量勘探开发程度要求

地震	已完成地震详查，主测线距一般为 2～4km
钻井	（1）已有预探井或评价井，或紧邻探明储量区或控制储量区内 （2）主要目的层有取心或井壁取心
测井	采用本探区合适的测井系列，初步解释了气层、水层
测试	（1）油气显示层段及解释的气层可有中途测试或完井测试 （2）单井日产量达到或低于储量起算标准或钻遇气层
分析化验	进行了常规的岩心分析

地质认识程度有以下几点。

（1）证实圈闭存在，提交了 1∶50000～1∶100000 的构造图；

（2）深入研究了构造部位的地震信息异常并获得了与油气有关的相关结论；

（3）已明确目的层层位及岩性；

（4）可采用类比法确定储量估算参数，可靠程度低。

3.5.2　地质储量计算方法

地质储量估算方法主要采用容积法和动态法。容积法适用于以静态资料为主、气藏未开发或开发时间短，且动态资料较少情况下的储量估算。动态法主要适用于气藏开发时间长，且动态资料丰富情况下的储量估算，以及无法用容积法估算的特殊情形，如裂缝气藏等。本章主要介绍容积法。

1. 地质储量计算参数选值

（1）有效厚度一般采用等值线面积权衡法求取，也可采用井点控制面积或均匀网格面积权衡法求取，其中探明地质储量的计算单元有效厚度取值原则上不大于该计算单元面积内井点最大有效厚度。

（2）有效孔隙度采用有效厚度段体积权衡法求取。

（3）含油（气）饱和度采用有效厚度段孔隙体积权衡法求取。

（4）在特殊情况下，也可采用井点算术平均法或类比法求取储量估算参数。

（5）在作图时，应考虑气藏情况和储量参数变化规律。

2. 气藏地质储量计算公式

1）常规气藏地质储量计算公式

$$G = 0.01 A_g h \phi S_{gi} / B_{gi}$$
（3-17）

式中，G 为天然气地质储量，$10^8 m^3$；A_g 为含气面积，km^2；h 为有效厚度，m；ϕ 为有效孔隙度，小数；S_{gi}为原始含气饱和度，小数；B_{gi}为原始天然气体积系数，小数。

或

$$G = A_g h S_{gf} \tag{3-18}$$

式（3-17）中的B_{gi}可用式（3-19）求得

$$B_{gi} = \frac{P_{sc} Z_i T}{P_i T_{sc}} \tag{3-19}$$

式中，S_{gf}为天然气单储系数，$10^8 \text{m}^3/\text{km}^3 \cdot \text{m}$；$P_{sc}$为地面标准压力，MPa；$Z_i$为原始气体偏差系数；$T$为地层温度，K；$P_i$为原始地层压力，MPa；$T_{sc}$为地面标准温度，K。

2）凝析气藏地质储量计算公式

（1）凝析气藏凝析气总地质储量（G_c）由式（3-17）估算，式（3-19）中Z_i为凝析气的偏差系数。

（2）当凝析气藏中凝析油含量大于或等于$100 \text{cm}^3/\text{m}^3$，或凝析油地质储量大于或等于$1 \times 10^4 \text{m}^3$时，应分别估算干气和凝析油的地质储量。估算公式如下：

$$G_d = G_c f_d \tag{3-20}$$
$$N_c = 0.01 G_c \sigma \tag{3-21}$$

其中

$$f_d = \frac{\text{GOR}}{\text{GE}_c + \text{GOR}} \tag{3-22}$$

$$\sigma = \frac{10^6}{\text{GE}_c + \text{GOR}} \tag{3-23}$$

$$\text{GE}_c = 543.15(1.03 - \gamma_c) \tag{3-24}$$

式中，G_d为干气地质储量，10^8m^3；G_c为凝析气总地质储量，10^8m^3；f_d为凝析气藏干气摩尔分量，小数；N_c为凝析油地质储量，10^4m^3；σ为凝析油含量，cm^3/m^3；GOR为凝析气油比，m^3/m^3；GE_c为凝析油的气体当量体积，m^3/m^3；γ_c为凝析油相对密度，量纲为1。

（3）若用质量单位表示凝析油地质储量时：

$$N_{cz} = N_c \rho_c \tag{3-25}$$

式中，N_{cz}为凝析油地质储量，10^4t；ρ_c为凝析油密度，t/m^3。

当气藏或凝析气藏中总非烃类气含量大于15%，或单项非烃类气含量大于以下标准者，烃类气和非烃类气地质储量应分别估算：硫化氢含量大于0.5%，二氧化碳含量大于5%，氮含量大于0.01%。具有油环或底油时，原油地质储量按油藏地质储量估算公式估算。

第4章 致密气储层的渗流与试井特征

4.1 致密气储层的微观渗流规律

致密储层横向发育不稳定，在复杂成岩作用和地质构造作用的共同影响下，岩石颗粒压实后致密堆积形成的孔喉结构，以及微纳米孔喉尺度对流体渗流特征的影响，都与常规储层具有较大差异。致密储层微观结构和流动机理复杂，开发规律与常规气藏差别大，致密气藏的规模化开发面临着更巨大的挑战。因此，在致密气藏高效开发过程中，形成与致密储层地质特征相符合的渗流理论体系，是解决开发难题的关键。

4.1.1 流体微观分布特征

致密砂岩气藏中地层水的赋存状态同时受孔喉尺寸、孔渗匹配关系以及岩石颗粒表面吸附能力的共同作用。如图 4-1 所示，致密储层微观孔喉结构复杂，石英砂岩具有强亲水

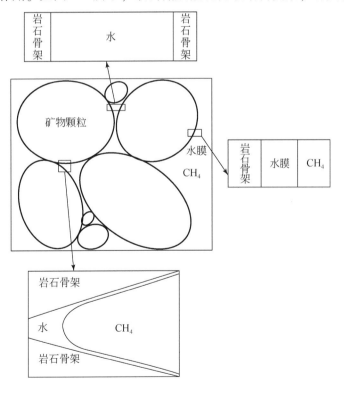

图 4-1 致密气流体赋存状态

性，致密储层中的原生水由黏土束缚水、毛管束缚水和可动水组成（黏土束缚水见第 2 章双水模型）。少量毛管束缚水以水膜的形式赋存于大孔隙表面，但主要存在于微细孔道以及死孔隙中，在一般生产压差条件下不会发生运移；可动水通常赋存于较大的孔隙中，当气体在致密储层中流动时，这部分水对气体的流动能力影响很大。

4.1.2 致密气微观渗流机理

致密气的储、渗空间为介于微米（10^{-6}m）到埃米（10^{-10}m）的孔隙网络。在较大的连通孔喉中，流动通常符合达西公式，即无滑脱效应。在纳米孔隙中，流动受滑脱效应、流固表面作用力综合控制。Sondergeld 等（2010）在 Javadpour 等阐述不同尺度的孔隙中气体储集和渗流机理的基础上（Javadpour et al.，2007；Javadpour，2009），绘制了致密储层孔隙尺度与渗流类型示意图（图 4-2）。

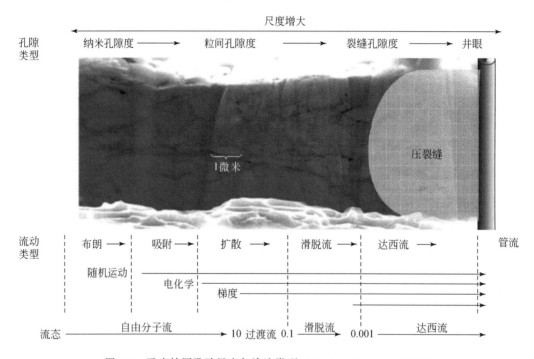

图 4-2 致密储层孔隙尺度与渗流类型（Sondergeld et al.，2010）

致密气储层颗粒的直径大约是 1μm，表现出一种复杂的孔隙喉道网络，不同孔隙的尺度差异，对流体的流动造成了影响。

1941 年，Klinkenberg 提出了多孔介质的气体滑脱效应。气体滑脱条件是气体分子平均自由程接近岩石平均有效孔隙喉道半径。当气体在多孔介质中流动时，气体分子在壁面发生相对运动。气体分子在多孔介质表面"滑脱"时，气测渗透率大于岩样的真实绝对渗透率。Klinkenberg 提出的气测渗透率（k_a）和平均压力的倒数（$\bar{p}$）呈近线性关系（图 4-3）：

$$k_a = k_\infty \left[1 + \frac{b_K}{\bar{p}} \right] \tag{4-1}$$

式中，k_∞ 为等效液测渗透率，也称为 Klinkenberg 修正渗透率，或样品的真实绝对渗透率；b_K 为气体滑脱因子，是与平均压力（p）、有效孔隙半径（r）、分子平均自由程（λ）有关的常数。

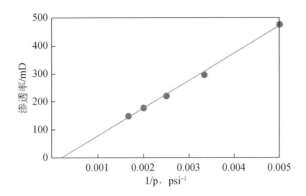

图 4-3　Marcellus 致密气等效液测渗透率计算示意图（Elsaig et al.，2016）

气体滑脱因子（b_K）的定义为

$$\frac{b_K}{p} = \frac{4c\lambda}{r} (c \approx 1) \tag{4-2}$$

式中，c 为比例常数。

由于致密气藏中存在纳米孔隙，气体渗流机理更复杂。除了滑脱效应外，还有其他渗流状态。Kundsen 数是表征致密气渗流类别的重要参数。

Kundsen 数的定义：

$$K_n = \frac{\lambda}{r} \tag{4-3}$$

式中，K_n 为 Kundsen 数；λ 为分子平均自由程，m；r 为有效孔隙半径，m。

Civan（2010）提出的平均自由程的计算公式为

$$\lambda = \frac{\mu Z}{p} \sqrt{\frac{\pi RT}{2M}} \tag{4-4}$$

式中，μ 为气体黏度，Pa·s；Z 为气体偏差因子；p 为平均孔隙气体压力，Pa；R 为通用气体常数，8.314J/（mol·K）；T 为温度，K；M 为气体摩尔质量，g/mol。

根据 Kundsen 数的定义，r 越小，K_n 越大。Swami 等（2012）按照 Kundsen 数的取值范围，把致密气的渗流划分为四种类别（表 4-1）。

表 4-1　致密气的渗流类别

K_n	$0 \sim 10^{-3}$	$10^{-3} \sim 10^{-1}$	$10^{-1} \sim 10$	>10
渗流类别	达西流	滑脱流	过渡流	自由分子流

1）达西流

与孔隙半径相比，气体分子平均自由程很小。在气体流动过程中，只考虑气体分子之间的碰撞，可忽略气体分子与孔隙壁面之间的碰撞。

2）滑脱流

孔隙壁面处的流速不为0。由于孔隙半径小，分子平均自由程不能忽略，在气体流动过程中，必须考虑气体分子与孔隙壁面之间的碰撞。在绝大多数致密砂岩气藏存在滑脱流。

3）过渡流

孔隙半径很小，在一些致密气藏存在过渡流。

4）自由分子流

只存在小部分致密气藏，可采用 Kundsen 扩散、Boltzman 模拟和 Monte Carlo 方法进行研究。

Civan（2010）在 Beskok 和 Karniadakis（1999）的研究基础上，提出了一种渗透率计算方法：

$$K_a = K_\infty f(K_n) \tag{4-5}$$

$$f(K_n) = (1 + \alpha K_n)\left(1 + \frac{4K_n}{1 - bK_n}\right) \tag{4-6}$$

$$\begin{cases} \alpha = 0, 0.001 < K_n < 0.1 & \text{滑脱流} \\ \alpha = \alpha_0 \left(\dfrac{K_n^B}{A + K_n^B}\right), 0.1 < K_n < 1000 & \text{过渡流、自由分子流} \end{cases} \tag{4-7}$$

式中，K_a 为视渗透率，m^2；K_∞ 为等效液测渗透率，m^2；α 为无因次系数。

Beskok 和 Karniadakis（1999）认为 $b = -1$。Civan 根据 Loyalka 和 Hamoodi（1990）的实验数据进行拟合，提出式（4-7）中各常参数的取值为：$\alpha_0 = 1.358$，$A = 0.178$，$B = 0.4348$。

4.1.3　等效液测渗透率与微观孔隙结构的关系

对于实际岩石的孔隙，可视为并联毛管束。假设在渗流截面积为 A 的区域中，有 n 根不同管径毛管（实际流动长度相同）。根据 Poiseuille 定理，对于单根毛管的情形，有

$$Q = \frac{\pi r^4 \Delta p}{8\mu L_e} \tag{4-8}$$

式中，μ 为液体黏度；L_e 为毛细管的实际流动长度。

$$Q = \sum_{i=1}^{n} \frac{\pi r_i^4 \Delta p}{8\mu L_e} \tag{4-9}$$

式中，n 为面积 A 中毛细管数目，条；r_i 为第 i 条毛细管的半径，m；Δp 为岩石两端的压差，MPa。

假设岩石的渗流面积为 A，根据达西渗流公式可知：

$$Q = \frac{K_\infty A \Delta p}{\mu L} \tag{4-10}$$

式中，K_∞ 为等效液测渗透率，m^2；L 为岩石的长度，m；

由式（4-9）和式（4-10）得

$$K_\infty = \frac{1}{A\tau} \sum_{i=1}^{n} \frac{\pi r_i^4}{8}, \quad \tau = \frac{L_e}{L} \tag{4-11}$$

式中，τ 为迂曲度。

假设：半径为 r_i 的毛细管的体积占总孔隙体积的比例为 S_i：

$$S_i = \frac{V_i}{V_p} = \frac{\pi r_i^2 L_e}{AL\phi} \tag{4-12}$$

式中，V_i 为半径为 r_i 的毛细管的体积，m^3；V_p 为岩石的有效孔隙体积，m^3；ϕ 为岩石的有效孔隙度，小数。

整理式（4-11）和式（4-12）可得

$$K_\infty = \frac{\phi}{8\tau^2} \sum_{i=1}^{n} S_i r_i^2 \tag{4-13}$$

由式（4-13）可得

$$K_\infty = \frac{\phi}{8\tau^2} \bar{r}^{-2} \tag{4-14}$$

式中，$\bar{r}$ 为平均孔隙半径。

4.1.4　柱塞样脉冲衰减法测试与分析

1. 柱塞样脉冲衰减法的优点

（1）脉冲衰减法适用于测量超低渗样品（$1 \times 10^{-5}\,mD \sim 1 \times 10^{-2}\,mD$），通过合理选择气罐体积和压力传感器范围，也可以扩展测试范围。

（2）不需要流量计，只进行时间–压力测定。

（3）利用了高回压（压力变化<5%）来避免气体滑脱效应，能够测试给定围压条件下的致密砂岩气藏样品的渗透率。

柱塞样脉冲衰减法的应用局限：由于用这种方法能测量非常低的渗透率，所以仪器的严格密封非常重要，同时控制周围环境的温度变化也非常关键。

2. 柱塞样脉冲衰减法的测试流程

如图 4-4 所示，柱塞样品（长为 L，横截面积为 A，有效孔隙度为 ϕ）。在脉冲衰减渗透率测试实验中：①在样品两端连接容器，并施加一定围压，先打开 V1、V2 和 V3 阀门，使得实验装置中的上游室、下游室和岩样孔隙压力相等且达到平衡状态；②关闭 V2 和 V3 阀门；③对上游室内气体增压，待系统稳定后，打开阀门 V2，并连续监测样品两端容器内压力数据变化。Cui 等（2009）利用解析或数值方法，结合相关参数对压力数据进行计算，分析样品的渗透率。

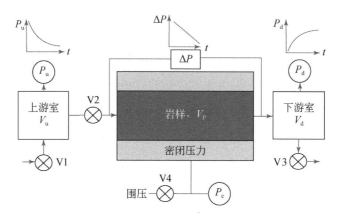

图 4-4　柱塞样脉冲衰减法测试示意图

3. 渗透率计算

Dicker 和 Smits（1988）认为，在晚期段（如 $t_D \geqslant 0.1$）时：

$$\ln(\Delta p_D) = \ln(f_0) + s_1 t \tag{4-15}$$

Jones（1997）认为，按照式（4-16）计算脉冲衰减法渗透率值：

$$k = \frac{-s_1 \mu_g L f_Z}{f_1 A p_m (1/V_1 + 1/V_2)} \times 0.98 \times 10^{-11} \tag{4-16}$$

式中，k 为脉冲衰减法渗透率，mD；s_1 为直线斜率，量纲为 1；μ_g 为气体黏度，Pa·s；L 为岩样长度，cm；f_Z 为实际气体偏离理想气体的特性值，量纲为 1；A 为岩样截面积，cm²；p_m 为上游室与下游室平均压力，Pa；V_1 为上游室体积，cm³；V_2 为下游室体积，cm³；f_1 为流量校准因子，量纲为 1。

求渗透率的步骤如下：

（1）作 $\ln(\Delta p_D)$ 和 t 的关系图，根据式（4-15）拟合直线的斜率 s_1；

（2）根据式（4-16），求渗透率。

4.2　致密气储层中直井与水平井的渗流规律

4.2.1　直井的一般渗流特征

如果一个储层及其内部的流体特征参数大致相同，或特征参数变化小到无法区别，则可把它近似看作均质的。绝对的均质储层是不存在的，大面积分布的气层，由于受沉积过程的影响，会形成平面上的非均质，形成复合储层。由于在布井时优选物性好的区域钻井，离井距离越远，物性越差，在井控区域形成了复合径向模型。

利用试井分析方法，可以将直井的宏观渗流划分为四个阶段，如图 4-5 所示。

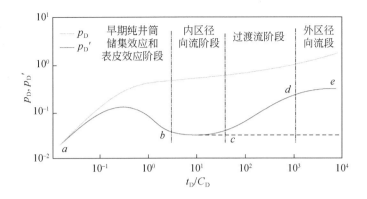

图 4-5 径向复合模型理论曲线示意图（庄惠农，2004）

第一阶段：早期纯井筒储集效应和表皮效应阶段。该阶段早期为斜率为 1 的直线，后续受到表皮系数（S）的影响，压力曲线和压力导数曲线分离，压力导数出现一个向上凸起的驼峰段。

第二阶段：内区径向流阶段。该段为 0.5 水平直线段。表明在井底附近地层表现为均匀介质特征。

第三阶段：过渡流阶段。由于外围地层变差使流动受阻，因此压力导数上翘。

第四阶段：外区径向流段。压力导数再一次呈现出水平线，表明在外围表现出均匀介质特征。

4.2.2 水平井的一般渗流特征

水平井是开发致密气地层的优选井型。利用试井分析方法，可以将水平井的宏观渗流划分为四个阶段，如图 4-6 所示。

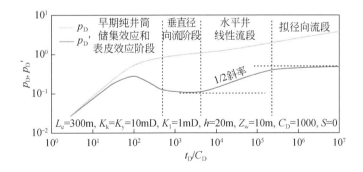

图 4-6 水平井模型理论曲线示意图（庄惠农，2004）

第一阶段：早期纯井筒储集效应和表皮效应阶段。该阶段早期为斜率为 1 的直线，后续受到表皮系数（S）的影响，压力曲线和压力导数曲线分离，压力导数出现一个向上凸起的驼峰段。

第二阶段：垂直径向流阶段。对于较厚的地层，当水平井穿过其中时，会产生垂向径向流。但当地层较薄时，或井的井筒储集效应和表皮效应影响较大时，这一流动阶段的特征不明显。

第三阶段：水平井线性流段。这是水平井试井曲线的重要特征线段。导数表现为1/2斜率的上升直线。

第四阶段：拟径向流段。压力导数在这一段为水平直线，只有井控面积较大时，才会出现这一流动段。

4.3　致密气储层中压裂直井的渗流规律

致密气藏由于其渗透率非常低，在自然条件下很难获得工业油气流，为了获得较好的产量，在投入生产前都会采用储层改造措施。传统的压裂工艺以对称缝为主，并尽可能地提高缝长，在中高渗油气藏的增产改造中取得了很好的效果。对于低渗–特低渗透致密气藏压裂而言，仅靠单一的压裂主缝，不管缝有多长、导流能力有多高，由于储层基质向裂缝供气能力较差，很难取得预期的增产效果，即使初产较高，有效期也难以长期维持。

在致密气藏中，已广泛应用"大排量+变黏滑溜水+高强度连续加砂"的缝网压裂技术，在井底附近形成了复杂的缝网。在缝网改造区（SRV）内，除主裂缝外，还产生了很多次生裂缝，建立了渗透率更高、波及体积更大的人工裂缝网络。

本节主要针对致密气藏中的压裂直井，分析了传统压裂和缝网压裂条件下的渗流特征。

4.3.1　传统压裂直井的渗流特征

利用试井分析方法，如图 4-7 所示，可以将压裂直井的渗流划分为四个阶段。

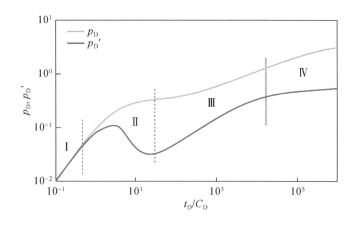

图 4-7　压裂直井理论曲线示意图

第一阶段：受纯井储效应影响阶段。双对数曲线为压力和压力导数重合的斜率为 1 的曲线。

第二阶段：受井储系数和表皮系数共同影响的过渡流段。压力曲线缓慢上升，导数曲线出现"驼峰"然后向下降落。

第三阶段：如果压裂缝为无限导流缝，为线性流阶段（图 4-8）。则该阶段出现在井储和表皮影响结束后，流体在致密气藏垂直于裂缝面流动，各个压裂缝没有相互影响，压力波还没有传播到相邻裂缝，压力导数曲线出现"1/2"斜率段。

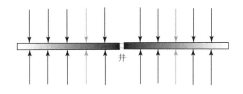

图 4-8　地层线性流

如果压裂缝是有限导流缝，为双线性流阶段：在裂缝内部，存在裂缝线性流；在裂缝表面，存在垂直裂缝的地层线性流（图 4-9）。

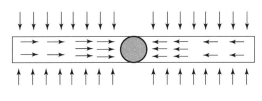

图 4-9　双线性流

第四阶段：储层内以压裂裂缝和井筒为中心的径向流。随着压降漏斗的进一步传播，流体以拟径向流向压裂裂缝和井筒供液（图 4-10）。

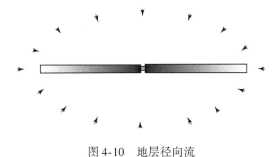

图 4-10　地层径向流

4.3.2　缝网压裂直井的渗流特征

根据张烈辉等（2017）的研究，如图 4-11 所示，在井附近形成了一个矩形的缝网改造区（即 SRV 区）。在 SRV 区和外区储层尺寸足够大的情况下，可以将缝网压裂的直井的渗流划分为七个阶段，理论试井曲线如图 4-12 所示。

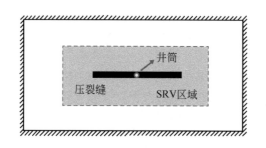

图 4-11　直井缝网压裂模型图（张烈辉等，2017）

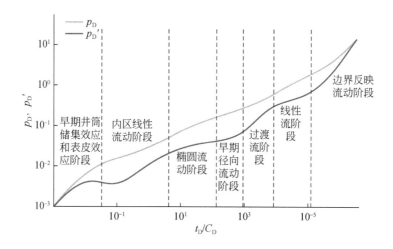

图 4-12　缝网压裂直井模型理论曲线示意图

第一阶段：早期井筒储集效应和表皮效应阶段。受井筒储集系数和表皮系数大小控制，拟压力和拟压力导数表现为重合且斜率为 1 的直线。

第二阶段：内区线性流动阶段。在 SRV 区域内，天然气沿垂直于压裂缝面的方向，流向主裂缝。拟压力和拟压力导数呈斜率为 1/2 的平行直线。

第三阶段：椭圆流动阶段。在早期 SRV 区线性流动阶段结束后，如果压力波未传出 SRV 区，则可以观测到围绕主压裂缝的椭圆流动阶段，拟压力导数曲线呈现斜率为 0.36 的直线。

第四阶段：早期径向流动阶段。该阶段是 SRV 区内的早期径向流动阶段，拟压力导数曲线表现为水平直线。

第五阶段：压裂改造区（SRV 区）到外区的过渡流阶段。该阶段介于早期径向流动阶段之后，压力波逐渐从 SRV 区传至外区储层，表现为 SRV 区径向流和外区储层线性流的混合流动阶段。

第六阶段：外区向压裂改造区（SRV 区）的线性流阶段。压力波完全传播到外区储层，外区地层向 SRV 区的渗流气体量等于气井产量，拟压力导数曲线表现为斜率等于 1/2 的直线段。

第七阶段：边界反映流动阶段。矩形封闭气藏的边界反映阶段，拟压力和拟压力导数曲线表现为斜率为 1 的直线，并逐渐重合。

当 SRV 区尺寸较小时，SRV 区内的椭圆流、径向流等流动阶段会消失。在第二阶段的早期线性流后，会直接进入第五阶段的 SRV 区到外区的过渡流动阶段。

4.4　致密气储层中压裂水平井的渗流特征

在致密气藏，水平井完井一般采用分段压裂方式，有力地推动了致密气储层开采的进展。对于水平井分段压裂，在气井附近的地层中形成有效的体积增产改造区，产生高导流区域，能够将丰富的致密气资源有效地开采出来。

与直井类似，水平井也存在两种压裂改造方式：传统压裂方式以及缝网压裂方式。本节同样分析了传统压裂和缝网压裂条件下的渗流特征。

4.4.1　传统分段压裂水平井的渗流特征

在传统的分段压裂水平井中，每段压裂缝都是对称的主压裂缝。气井的渗流划分为六个阶段：早期纯井筒储集阶段、井储+表皮系数共同作用的过渡流阶段、线性流/双线性流阶段、早期径向流阶段、地层复合线性流阶段和拟径向流阶段。

从第三到第六阶段的渗流示意图如图 4-13 所示，六个阶段的理论试井曲线如图 4-14 所示。

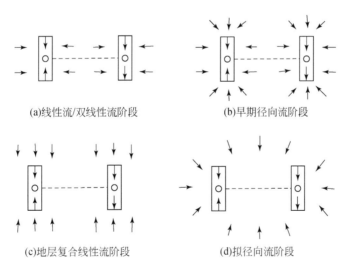

(a)线性流/双线性流阶段　　　　　　　(b)早期径向流阶段

(c)地层复合线性流阶段　　　　　　　(d)拟径向流阶段

图 4-13　分段压裂水平井渗流阶段示意图 （Chen，1997）

第一阶段：早期纯井筒储集阶段。表现为压力及压力导数曲线斜率为 1 的直线，在该阶段主要是受井筒储集效应的影响。

第二阶段：过渡流阶段。表现为压力导数曲线在驼峰后下降，该阶段由井储效应、表皮效应共同影响。

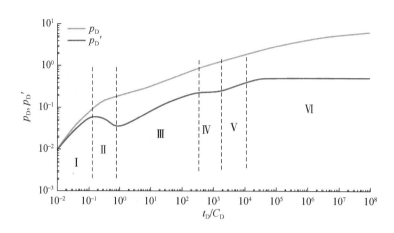

图 4-14　分段压裂水平井的理论试井曲线示意图

第三阶段：线性流/双线性流阶段。与传统压裂直井类似，若压裂缝无限导流缝，为线性流阶段，表现为压力导数曲线为 1/2 斜率直线，反映了压裂缝附近的线性流阶段；如果压裂缝是有限导流缝，为双线性流阶段：在压裂缝内部，有不稳定线性流；在压裂缝外，有垂直压裂缝的地层线性流。

第四阶段：早期径向流阶段。压力导数曲线表现为一段水平直线。如果压裂缝间距过短，裂缝间干扰会过早出现而导致该流动阶段被掩盖而缺失。

第五阶段：地层复合线性流阶段。压力导数曲线表现为一直线段，斜率为 1/2。

第六阶段：拟径向流阶段。压力导数曲线表现为斜率值 1/2 直线，此阶段只有在晚期才出现，反映了地层流体向整个裂缝系统径向流动。

4.4.2　分段缝网压裂水平井的渗流特征

在分段缝网压裂水平井中，除了主压裂缝外，还在主压裂缝之间形成次生的缝网。针对分段缝网压裂水平井，Brohi 等（2011）提出三线性流模型（图 4-15）（即复合线性），把储层分为两个区域：①在内区（SRV 区以内），有基质储层、微裂缝和主压裂缝，可以采用线性双孔模型；②在外区（SRV 区以外），储层为单一介质，采用单一介质的线性流模型。

Cinco-Ley 等（1978）研究在推导有限导流能力裂缝直井的压力不稳定解析解时，首次提出双线性流的概念。Lee 和 John（1986）等在双线性流的基础上提出了基于三线性流动模型的解析方法。Brown 等（2011）学者将三线性流模型引入到多级压裂水平井模型中，将地层分为水力裂缝区、内区、外区。内区用双重介质模型表征，且流体以线性流方式通过这三个区域。Brown 等认为：在致密储层中，可通过三线性流模型完整呈现多级压裂水平井的渗流规律，且更为简便可行。Stalgorava 等（2012）建立了一种三线性流的简化模型，即：两区复合模型。Stalgorava 将流动阶段划分为四个阶段：双线性流、第一线性流、第二线性流、边界控制流。

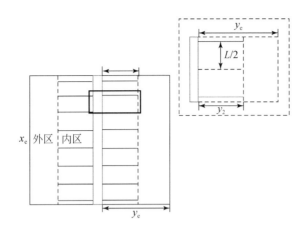

图 4-15　三线性渗流几何模型（Brohi et al.，2011）

综上研究成果，可以将分段缝网压裂水平井的宏观渗流划分为八个阶段，如图 4-16
所示。

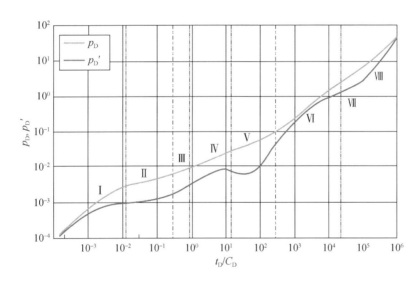

图 4-16　分段缝网压裂水平井的理论试井曲线示意图

第一阶段：早期纯井筒储集效应和表皮效应阶段。该阶段早期为一条重合且斜率为 1
的直线，后续受到表皮系数（S）的影响，压力曲线和压力导数曲线分离，压力导数出现
一个向上凸的驼峰段。

第二阶段：有限导流裂缝的双线性流阶段。该阶段压力导数曲线的斜率为 1/4。在该
流动阶段中，流体除了从压裂改造区（SRV 区）的微裂缝向水力主压裂缝线性流动，同
时主压裂缝内还存在线性流动。

第三阶段：过渡流阶段。该阶段压力导数曲线斜率上升，受主压裂缝间距控制。

第四阶段：无限导流裂缝的线性流阶段。该阶段压导曲线斜率为 1/2，在该流动阶段中，是由压裂改造区（SRV 区）的微裂缝向水力主裂缝的线性流动过程。

第五阶段：在压裂改造区（SRV 区）内，基质到微裂缝的窜流阶段。该阶段压力导数曲线特征表现为曲线向下凹并且存在极小值点。

第六阶段：压裂改造区（SRV 区）到外区的过渡流阶段。该阶段压力导数曲线往上抬升，这是由于外区的物性（流度和储能系数）与压裂改造区（SRV 区）的物性（流度和储能系数）差异造成的。

第七阶段：外区向压裂改造区（SRV 区）的线性流阶段。该阶段的压力导数曲线为斜率 1/2 的直线。在该流动阶段中，流体从外区向压裂改造区（SRV 区）线性流动。

第八阶段：探测到边界之后的拟稳态流动阶段。该阶段压力导数曲线向上抬升至斜率为 1。

应该指出的是：①如果主压裂缝为导流能力高的无限导流缝，则第二～四阶段只会出现第四阶段；②如果主压裂缝为导流能力较低的有限导流缝，则第二～四阶段只会出现第二阶段；③当外区渗透率极低时，外区对 SRV 区供给作用很小，即不存在外区向内区的渗流，则第七、八阶段不会出现。

如图 4-17 所示，致密砂岩的渗流特征表现出一种与页岩分段压裂水平井相似的渗流特征：在第六阶段表现出边界的渗流特征，即压力导数曲线向上抬升至斜率为 1。

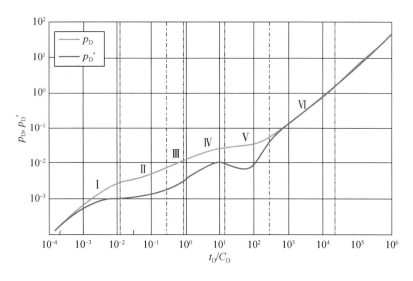

图 4-17　分段缝网压裂水平井的理论试井曲线示意图

4.5　基于试井的气井水侵的早期识别

致密砂岩储层一般具有较高的初始含水饱和度，在开发过程中极易出现气水两相流特征，导致部分气井产水问题比较突出，影响气井产能发挥，对气藏开发带来严重影响。因此，在气田开发过程中对气井水侵的监测和预报就显得尤为重要。

气藏的水侵是一个动态过程，其变化也会反映到动态监测上。试井曲线能够反映气井外围地层流动能力的变化。依据试井理论，气水界面的性质不会随时间而改变，但井到气水界面的距离会随时间而改变。对于水侵较活跃的水驱气藏，在靠近气水边界气井的不同时期的多次试井中，会反映出开发中水侵边界移动的特性。

由于水侵前缘在气井生产过程中不断变化，通过不同时期的试井对比分析可以判断水侵存在、估计水侵前缘距离和水侵范围，实现早期水侵的诊断。该方法是一种识别早期水侵比较可靠的方法，不仅能识别水侵，而且可计算水侵边界的距离。但是，试井方法需要有多次压力恢复试井解释资料，并排除井间干扰和岩性、断层等边界效应的影响。

依据压力恢复试井的调查半径与气井距离气藏气水边界的关系，可以将气井的水侵划分为三种类型。

1）测试前的生产中未见水，水驱前缘未到达井底

在试井过程中，气井不产水，但探测到气水过渡带（图 4-18）可以划分为以下两个阶段，试井曲线如图 4-19 所示。

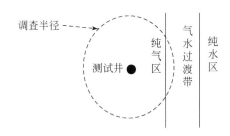

图 4-18　井调查半径与气井距离气藏气水边界的关系

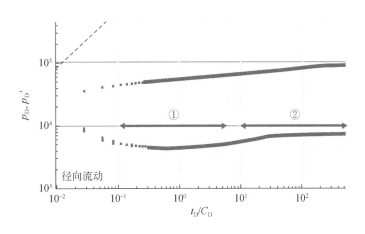

图 4-19　边水气藏的气井压力恢复试井理论曲线示意图

第一段：压力恢复波及区处于井筒附近的气区，压导曲线为 0.5 水平直线；

第二段：压力恢复波及气水过渡带，气相渗透率下降，压导曲线上升、表现出径向复合（渗透率变差）的特征。

2）测试前的生产未见水，水驱前缘未到达井底

在试井过程中，气井不产水，但先后探测到气水过渡带和水体（图4-20），可以划分为以下三个阶段，其试井曲线如图4-21所示。

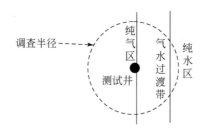

图 4-20 井调查半径与气井距离气藏气水边界的关系

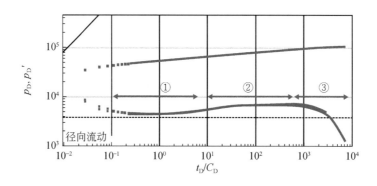

图 4-21 边水气藏的气井压力恢复试井理论曲线示意图

（1）第一段：压力恢复波及区处于井筒附近的气区，压导曲线为0.5水平直线；

（2）第二段：压力恢复波及气水过渡带，气相渗透率下降，压导曲线上升、表现出径向复合（渗透率变差）的特征；

（3）第三段：压力恢复波及边水，地层能量恢复，压导曲线下降，表现出定压边界的特征。

3）测试前的生产中已见水，水驱前缘已到达井底

在试井过程中，气井不产水，水侵前缘已到达井底（图4-22），则主要划分为以下两个阶段，其试井曲线如图4-23所示。

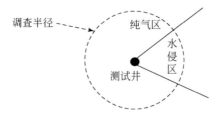

图 4-22 井调查半径与气井距离气藏气水边界的关系

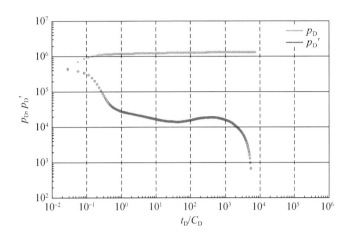

图 4-23　边水气藏的气井压力恢复试井理论曲线示意图

（1）第一段：压力恢复波及气水过渡带，气相渗透率下降，压导曲线上升、表现出径向复合（渗透率变差）的特征；

（2）第二段：压力恢复波及边水，地层能量恢复，压导曲线下降，表现出定压边界的特征。

第5章 致密气藏开发技术政策

5.1 开发层系划分和开发方式

5.1.1 开发层系划分

国内外已开发的气藏，大多数特征表现出纵向多层、层间非均质性强，因此不宜用一套井网笼统合采。在研究纵向多层非均质性强气藏开发时，必须考虑如何划分开发层系。根据各气层的气藏特征及差异，明确划分开发层系的原则和方法。

1. 划分开发层系的意义

用一套井网开发一个多气层气藏，必然不能充分发挥各气层作用。尤其是当主要出气层较多时，为了充分发挥各气层作用，就必须划分开发层系，这样才能提高采气速度，加速气田的生产，并提高开发投资的回转率。

对于新投入开发的纵向多层气藏，可开展分层分采试验，为开发层系划分奠定基础。

2. 划分开发层系的原则

气藏开发层系划分必须遵循一定的原则。

（1）性质相近的气层组合，可以减少层间矛盾，确保不同气层对开发方式和井网具有较好的适应性。性质相近主要体现为：①沉积环境相近；②储层物性相近；③储层平面分布范围相近；④各气层的层内非均质性相近，包括渗透率级差、突进系数、渗透率变异系数、毛管压力曲线形态。

（2）具有一定的储量和产能。它可以保证气田满足一定的采气速度、较长的稳产时间以及较好的经济指标。

（3）开发层系间必须具有良好的隔夹层。隔夹层的存在能够确保分层开采的过程中层间不发生串通和干扰，利于气田开发管理。

（4）在同一套开发层系中，气层的构造形态、温压系统、流体性质、驱动类型相近。

（5）相邻气层尽可能组合成同一开发层系。在分层开采工艺所能解决的范围内，开发层系不宜划分过细，以利于减少建设成本，提高经济效益。

具有以下地质特征的气层，不能够用一套开发层系开发，原因有以下几点。

（1）气层岩性和物性差异较大；

（2）油气的物理化学性质不同；

（3）气层的压力系数系统和驱动方式不同；

（4）气层的层数太多，含气井段过长。

5.1.2　开发方式

目前国内外致密气藏的开发比重逐步增加，一般为中（低）含凝析油气藏或不含凝析油的气藏。其开发方式为衰竭式开发，一般不采用注水（气）等开发方式保持地层压力，其主要原因有以下几点。

（1）致密气藏一般主要成分为甲烷，其黏度低，从地层流入井底所需要的生产压差远小于原油，不需要较大流压就能到达地面。

（2）致密气藏在衰竭开发时，一般不会有或较少有重质组分凝析而残留在地下，造成地层"伤害"，影响天然气采收率的现象。

（3）致密气藏物性差，较常规气藏产能往往偏低，衰竭开采比其他开发方式更简单、更经济。

针对部分特殊的高含凝析油气藏，应进行控压开采、注气开采等开发方式论证，确保气藏天然气和凝析油采收率较高，同时经济上可行。

5.2　开发井网部署

井网部署体现气藏开发的总体方针，是高效开发气田的重要因素之一。对于任何一个气田，没有一套固定模式来指导采用什么样的开发井网形式和井网密度，但总体上应从以下方面来考虑。

（1）井网基本能有效控制住气藏的储量；

（2）井数能保证达到一定的产量规模和稳产期；

（3）要保证尽可能高的采收率；

（4）钻井、地面工作量及投资小；

（5）为后期开发调整留有一定余地。

国内外气田开发实践表明：气藏开发的井网形式主要有均匀井网、环状井网、线状井网、不均匀井网以及气藏顶部地区布井。布井方式主要取决于气藏构造特征、储层展布、储层物性、边底水分布、地应力场等。

均匀井网方式比线状井网、气藏顶部布井的地层压力分布均匀，平面开采矛盾小。线状、环状布井的地面建设工程紧凑，征地、钻井投资及集输工程投资小。不均匀布井高产井多、地面采输集中、初期开发效益好，但因开发导致地层后期压力分布不均匀，影响气藏的最终采收率。对于断块气藏、透镜状气藏、裂缝性气藏、纵向多层气藏一般采用不均匀井网。

在实际布井时，需充分考虑试采区已完钻井的实际情况，前期钻探井不能适应目前开发布井需求时，应适当增布新井来满足开发需求。

5.2.1　井型的选择

在气藏开发中，既要考虑储量的充分动用，又要考虑气藏开发效果。因此，在井型设计时，要根据实际地质特征进行差异化分析，不能笼统采用"一刀切"方式。在设计井型时，主要根据区块地质储层特征，同时兼顾气井开发效果。

相对于直井，采用水平井开发的优点是：①通过增加泄流面积，改变地下流体渗流规律；②可有效破除各类渗流屏障，打通渗流通道，同时还可动用互不连通的河道砂体，可有效提高采收率和经济效益。

如图 5-1 所示，以河流相气藏为例，根据不同的储层特征及叠置关系，选择不同的井型。

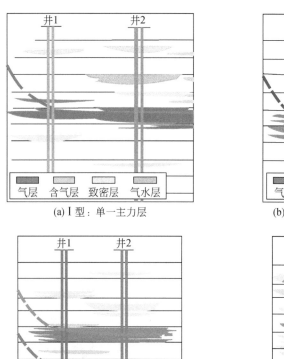

(a) Ⅰ 型：单一主力层

(b) Ⅱ 型：单一厚层叠置含气砂岩

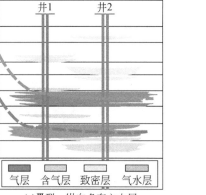

(c) Ⅲ 型：纵向多套主力层

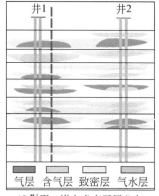

(d) Ⅳ 型：纵向多套互层分布

图 5-1　致密气藏的四种储层纵向分布类型示意图

（1）Ⅰ型：单一主力层，储层厚度大，一般部署水平井。

（2）Ⅱ型：储层厚度大、纵向叠置，储层间存在一定的隔夹层，一般部署大斜度井。

（3）Ⅲ型：在纵向上分布多套储层、储层厚度大且叠置，满足单独开发所需经济条件，一般部署水平井或者大斜度井。若单层无法达到经济开发，可部署大斜度井或者分支井。

（4）Ⅳ型：纵向多套互层分布，储层厚度较小，为实现井的经济开发，一般部署直井或定向井。

以川西地区侏罗系气藏开展的现场攻关试验为例，选取生产时间较长的水平井与相邻直井，对比其生产情况。由于选取的直井与水平井邻近，其钻遇砂体的储层发育情况类似，地震预测的储层类别基本一致，其产能和开采特征具有可对比的基础条件。

如表5-1所示，对于渗透率大于1mD的储层，直井经济效益高于水平井；而对于渗透率低于1mD的储层，水平井经济效益明显高于直井。储层越致密，水平井增产效果越显著。因此，致密砂岩储层开发以水平井为主。

表 5-1　四川盆地致密砂岩储层井型优选表

渗透率/mD	直井/水平井对比	推荐井型	典型气藏
>5	水平井开发效益不明显	直井	新场 JP
1~5	水平井开发有一定增产效果，但经济效益仍不如直井	直井	马井 JP
0.5~1	直井开发可达经济下限标准，水平井开发效益相当好	水平井	什邡 JP
0.1~0.5	直井开发产量偏低，水平井增产效果最佳	水平井	新场 JS
0.05~0.1	直井开发无效益，水平井开发经济效益差	水平井	孝泉 JS
<0.05	直井、水平井开发均无效益	—	须家河

5.2.2　井距的确定方法

进行气藏井距优化时，需要综合考虑储层分布特征、渗流特征和压裂完井工艺条件等。若井距过大，井间就会有部分含气砂体不能被钻遇，或在储集层改造过程中不能被人工压裂缝沟通，造成开发井网对储量控制程度不足，采收率低；若井距过小，就会出现相邻两口井钻遇同一区域或人工压裂缝系统重叠的现象，从而产生井间干扰，致使单井最终累计产量下降，经济效益降低（何东博等，2012）。

通过油藏工程方法与数值模拟方法，可以分析水平井网的合理井距。应指出不同文献中的"井距"定义存在一定的差异：①在油藏工程方法中，井距一般指的是两口井在储层中造斜靶点之间的距离，为真实井距；②一些文献中的井距，实际上是两口井的跟趾间距。

如图5-2所示，两者存在如下关系：井距＝水平段长+跟趾间距。

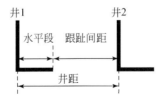

图 5-2　井距示意图

1. 气藏工程方法论证井距

1）单井经济极限控制储量法

单井经济极限累计产气量是指在开采期限内，一口气井投入的总费用与产出的总收入相等时的单井最低累计产气量。在气田开发评价年限内，如果单井累计产气量高于单井经济极限累计产气量，说明气田开发具有经济效益；反之，则该气田开发没有经济效益。计算公式为

$$\text{NP}_{min} = \frac{C_d H + I_c + C_{ab} + T C_{fg}}{\left[R_g (P_g - T_{axg} - C_{vg}) + R_o (P_o - T_{axo}) \text{OGR} \right]} \tag{5-1}$$

式中，NP_{min} 为单井经济极限累计产气量，m^3；C_d 为开发井工程投资，元/m；H 为平均钻井进尺，m；I_c 为单井地面工程投资，元；C_{ab} 为单井弃置成本，元；T 为单井寿命期，a；C_{fg} 为单井年操作成本，元/a；R_g 为气商品率，小数；R_o 为油商品率，小数；P_g 为气价，元/m^3；P_o 为油价，元/t；T_{axg} 为单位气税费，元/m^3；T_{axo} 为单位油税费，元/t；C_{vg} 为单位气可变操作成本，元/m^3；OGR 为油气比，t/m^3。

为实现气藏经济有效开发，单井必须要有一定的控制储量，该储量称为单井的经济极限控制储量（G_{sg}），是评价单井井网密度及井距的重要经济指标，可按式（5-2）计算：

$$G_{sg} = \frac{\text{NP}_{min}}{E_R} \tag{5-2}$$

式中，E_R 为采收率，小数。

在单井经济极限控制储量基础上，根据式（5-3），结合气井所在储层的含气丰度，可计算出单井经济极限控制面积（A）。

$$A = \frac{G_{sg}}{\Omega} \tag{5-3}$$

式中，Ω 为储层的含气丰度，m^3/km^2。

在单井的经济极限控制面积基础上，根据砂体的类型，可以进行经济极限井距计算（耿燕飞，2014）。

A. 窄河道类型砂体的气井经济极限井距

窄河道型砂体的平面形态呈条带状，根据式（5-4）可求得各河道的经济极限井距：

$$L = A/W \tag{5-4}$$

式中，A 为单井经济极限控制面积，km^2；W 为河道有效宽度，km。

B. 连片分布的砂体的气井经济极限井距

对于储层分布范围广的连片砂体，气藏开发所需要的极限井数（n）：

$$n = S/A \tag{5-5}$$

式中，S 为连片分布砂体面积，km^2；A 为单井经济极限控制面积，km^2。

气藏的经济极限井网密度（SPC）可根据式（5-6）求出：

$$\text{SPC} = n/S \tag{5-6}$$

式中，SPC 为经济极限井网密度，well/km^2。

在确定经济极限井网密度后，即可确定气井经济极限井距。在已知井网密度的情况

下，不同的布井方式，井距与井网密度有如下关系。

在规则三角形布井方式下，井距与井网密度关系如下：

$$L = 1.0748 \times \sqrt{\frac{1}{SPC}} \tag{5-7}$$

对于规则的四边形井网，单井泄流半径可按井距之半处理，井距与井网密度关系如下：

$$L = 2 \times \sqrt{\frac{1}{\pi \cdot SPC}} \tag{5-8}$$

2）合理井网密度法

合理井网密度对气田的采收率及经济效益至关重要。气藏的合理井网密度在气田开发设计、后期综合调整过程中都会涉及，主要考虑以下因素：①气藏地质特征及物性特征；②经济效益；③市场用户对天然气的需求。

主要有以下几种方法确定井网密度。

A. 单井产能法

根据气井单井产能及气藏采气速度，计算出所需要的气井数，进而得出井网密度。

假设气藏含气面积为 S（km^2），地质储量为 G（$10^8 m^3$），年采气速度为 V_g，气井时率为 η，气井单井日产量为 q_g（$10^4 m^3/d$）：

单井年产气量（Q_g，以一年 365 天计）：

$$Q_g = 365 \eta q_g \tag{5-9}$$

由采气速度计算出该气藏的年采气量（GV_g）。

气藏开发所需井数（n）：

$$n = \frac{GV_g}{365 \eta q_g} \times 10^4 \tag{5-10}$$

SPC：

$$SPC = \frac{n}{S} \tag{5-11}$$

B. 合理采气速度法

合理采气速度法是根据气藏地质及流体、物性特征，计算在一定的生产压差下满足合理采气速度要求所需要的气井数，进而计算出井网密度。

假设气藏含气面积为 S（km^2），地质储量为 G（$10^8 m^3$），年采气速度为 V_g，气井时率为 η，地层流动系数为 $\frac{Kh}{\mu}$ $[mD \cdot m/(mPa \cdot s)]$，生产压差为 Δp（MPa）。

单井年产气量（以一年 365 天计）：

$$Q_g = 365 \eta \frac{Kh}{\mu} \Delta p \tag{5-12}$$

由采气速度计算出的该气藏的年采气量为（GV_g）。

气藏开发所需井数（n）：

$$n = \frac{GV_g}{365 \eta \frac{Kh}{\mu} \Delta p} \times 10^4 \tag{5-13}$$

SPC：

$$\mathrm{SPC} = \frac{n}{S} \qquad (5\text{-}14)$$

C. 经济最佳井网密度

考虑投资与效益产出因素，经济效益最大时的井网密度即为经济合理井网密度。当油气田开发总利润为 0 时的井网密度被称为极限井网密度。在此基础上，可采用"加三分差法"原则计算合理的井网密度。下面介绍几个常见的计算公式。

经济最佳井网密度：

$$\mathrm{SPC_a} = \frac{RG(1-T_a)\left(P_g E_{Rg} + P_O \dfrac{E_{RO}}{\mathrm{GOR}} - O - P\right)}{SI\,(1+\mathrm{LR})^{\frac{t}{2}}} \qquad (5\text{-}15)$$

经济极限井网密度：

$$\mathrm{SPC_{min}} = \frac{RG(1-T_a)\left(P_g E_{Rg} + P_O \dfrac{E_{RO}}{\mathrm{GOR}} - O\right)}{SI\,(1+\mathrm{LR})^{\frac{t}{2}}} \qquad (5\text{-}16)$$

其中

$$P = 0.15\left(P_g E_{Rg} + P_O \frac{E_{RO}}{\mathrm{GOR}}\right) \qquad (5\text{-}17)$$

式中，S 为含气面积，km^2；G 为探明天然气地质储量，$10^8 m^3$；P_g 为天然气销售价，元/m^3；P_O 为油价，元/t；I 为钻井和油建等总投资，10^4 元/井；E_{RO} 为凝析油采收率，小数；E_{Rg} 为天然气采收率，小数；GOR 为气油比，m^3/t；t 为评价年限，a；O 为平均采气操作费用，元/m^3；LR 为贷款利率，小数；R 为商品率，小数；T_a 为税收率，小数；P 为合理利润；$\mathrm{SPC_a}$、$\mathrm{SPC_{min}}$ 分别为经济最佳井网密度与经济极限井网密度，well/km^2。

"加三分差法"原则确定的合理井网密度：

$$\mathrm{SPC} = \mathrm{SPC_a} + \frac{\mathrm{SPC_{min}} - \mathrm{SPC_a}}{3} \qquad (5\text{-}18)$$

2. 数值模拟法确定井距

利用数值模拟方法，预测地质模型下的不同井距下生产开发指标，分析期末压力波及范围，得到井控半径。如果井距设计过大，会导致两井之间的砂体控制程度差；如果井距设计过小，会导致两井之间井间干扰过强。

1) 压力波及范围分析

设计单井模型，通过单井的压力波及效果评价，来判断不同储层条件下，单井的有效控制范围（地层压力下降达到 2%），来确定单井的最佳井距。

根据图 5-3 分析，可以得到在一定的储层的条件下压力波及范围，即两井之间的合理井距。

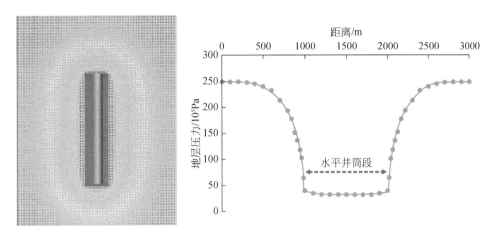

图 5-3　水平井的压力波及范围模拟结果

2）生产动态分析

如图 5-4 所示，设计数模模型，通过不同井距的开发效果模拟，判断不同储层条件下的最佳井距。

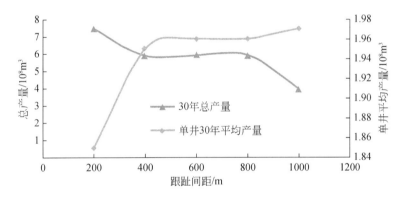

图 5-4　不同井距产量变化曲线图

通过对不同跟趾间距开发效果的模拟分析，气藏预测期末累产气量随井距的缩短而逐步提高，单井累计产量随井距的缩短而逐步减小。在最佳井距处，气藏累产气量和单井累计产量的变化趋势所井距变化较为平缓。

5.2.3　水平井长度优化

水平段长度对水平井的产能具有重要影响。一般来说，水平段越长，气井产能越高，但随着水平段长度增加，产能和最终采出程度的增加幅度将减少；另外，水平井的水平段长度也取决于砂体规模、气层厚度以及物性特征。因此考虑钻井成本和其他风险等因素，水平段也不宜太长。

1）数值模拟法

针对某个具体的气藏，在地质特征和流体特征清晰的情况下，采用数值模拟方法可以对水平井长度、分段压裂水平井的裂缝间距及压裂缝的导流能力等参数进行优化设计。

以国外某中低渗气藏为例，根据该气藏 Adigrat 层和 M. H 层储层物性参数建立数值模型，得到不同长度下的产量（图 5-5）。根据水平段长度与产量的关系曲线可知，合理水平段长度为 800～1000m。

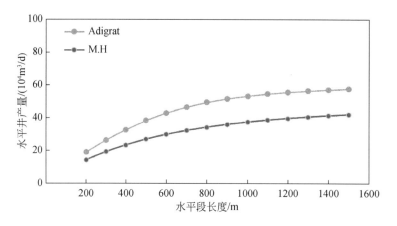

图 5-5　国外某气田 Adigrat 层、M. H 层水平井产量与水平段长度关系曲线图

在进行数模前，应建立符合地质特征的三维模型，要充分考虑河道储层展布特征和物性。可以采用 Eclipse 等软件（参见第 6 章），根据实际的储层地质特征，分别设计不同水平井长度，进行预测分析，确定该储层展布下的最优水平段长度。

2）类比法

对于未开发或缺乏开发动态资料的气藏，可以类比地质及开发条件相似气藏的水平井长度。对于已开发的气藏，可以通过研究本区块已部署水平井不同长度与累产气量之间关系等来确定最优水平段长度。

特别地，水平井部署要根据砂体展布刻画为依据，分析纵向各层整体动用情况，既要保证水平井的储层钻遇率，又要考虑充分动用储量。

5.3　气井合理工作制度

5.3.1　气井的产能

气井绝对无阻流量是指井底无回压（绝对压力为 0.1013MPa，表压为 0MPa）所得到的产气量，是反应气井产能的一项重要参数。气井绝对无阻流量值可通过气井产能测试直接求取，如稳定试井、等时试井、修正等时试井及一点法等方法。

1. 产能测试分析方法

1) 常规气井的产能方程分析

气井产能方程分为二项式和指数式。

二项式产能方程为

$$P_R^2 - P_{wf}^2 = Aq_g + Bq_g^2 \tag{5-19}$$

相应无阻流量为

$$q_{AOF} = \frac{-A + \sqrt{A^2 + 4B(P_R^2 - 0.101^2)}}{2B} \tag{5-20}$$

指数式产能方程为

$$q_g = C(P_R^2 - P_{wf}^2)^n \tag{5-21}$$

相应无阻流量为

$$q_{AOF} = C(P_R^2 - 0.101^2)^n \tag{5-22}$$

式中，P_R 为地层压力，MPa；P_{wf} 为井底流压，MPa；q_g 为产气量，$10^4 \text{m}^3/\text{d}$；q_{AOF} 为无阻流量，$10^4 \text{m}^3/\text{d}$；A 为二项式产能方程层流系数，$\text{MPa} \cdot \text{d}/10^4 \text{m}^3$；$B$ 为二项式产能方程紊流系数，$(\text{MPa} \cdot \text{d})^2/(10^4 \text{m}^3)^2$；$C$ 为系数，$(10^4 \text{m}^3/\text{d})/(\text{MPa}^2)^n$；$n$ 为渗流指数，表征流动特征的常数，层流时，$n=1$；紊流时，$n=0.5$；当流动从层流向紊流过渡时，$0.5 < n < 1$。

以测试数据为基础，做出产量与压力对应关系图，可以回归出各类产能方程系数，从而得出气井单井产能方程公式。

2) 积液气井的产能方程分析

受积液或者地层污染等原因的影响，在曲线拟合过程中，会出现 $A < 0$ 或者 $B < 0$ 的异常情况，因此需进行产能方程的校正。

A. $A < 0$ 情形

当测量的地层压力偏小时，会出现 $A < 0$ 的情况。假设真实平均地层压力为 $\overline{P_R}$，此压力值和实测压力值之差为

$$\delta_e = \overline{P_R} - P_R \tag{5-23}$$

则

$$\overline{P_R^2} = P_R^2 - 2\delta_e P_R + \delta_e^2 \tag{5-24}$$

令

$$C_e = 2\delta_e P_R + \delta_e^2 \tag{5-25}$$

得

$$P_R^2 - P_{fw}^2 + C_e = Aq + Bq^2 \tag{5-26}$$

可通过不断调整 C_e 的值，使 $(P_R^2 - P_{wf}^2 + C_e)/q \sim q$ 关系曲线为直线，并使拟合过程中的线性相关系数 $R^2 > 0.9$ 以上，则最终可得到气井二项式产能方程。

B. $B < 0$ 情形

当 $B < 0$，设 δ_i 为实际井底流压（P_{wi}）与实测流压（P_{wfi}）误差，则

$$P_{\text{wfi}} = P_{\text{wi}} + \delta_i \qquad\qquad (5\text{-}27)$$

两边平方得

$$P_{\text{wfi}}^2 = P_{\text{wi}}^2 + 2\delta_i P_{\text{wi}} + \delta_i^2 \qquad\qquad (5\text{-}28)$$

令

$$C_{\text{wi}} = 2\delta_i P_{\text{wi}} + \delta_i^2 \qquad\qquad (5\text{-}29)$$

带入产能方程可得

$$\frac{(P_{\text{R}}^2 - P_{\text{wi}}^2 - C_{\text{wi}})}{q} = A + Bq \qquad\qquad (5\text{-}30)$$

取初始 δ 为

$$\delta = \sqrt{P_{\text{R}} - C_{\text{w0}}} - P_{\text{R}} \qquad\qquad (5\text{-}31)$$

式中，C_{w0} 为实测曲线截距。

将 δ 代入式（5-30）可以得到各个压力测试点的 C_{wi} 值，再利用式（5-30）拟合二项式曲线。也可通过不断调整 C_{wi} 的值，使拟合过程中的线性相关系数 $R^2 > 0.9$ 以上，则最终可得到气井二项式产能方程。

同理，利用校正后的数据拟合指数式产能方程，可得到相应的校正后指数式产能方程。

2. 修正等时试井

Katz 等（1959）提出了修正等时试井，该方法克服了等时试井的缺点，从理论上证明了在每次改变工作制度开井前，不必关井恢复至原始地层压力，大大缩短了不稳定测试的时间，其产量与压力对应关系如图 5-6 所示。

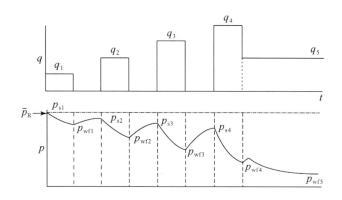

图 5-6　修正等时试井产量与压力对应关系示意图

由于致密气藏可能存在地层能量补给不足的状况，恢复至原始地层压力所需要的时间较长。从图 5-6 可以看到，修正等时试井法不但减少了开井时间及放空，而且总的测试时间较少，特别适应致密气藏。

前 4 个不稳定测试对应的产气量（q_i）的压力平方差为

$$\Delta p_i^2 = p_{\text{wsi}}^2 - p_{\text{wfi}}^2, \quad i = 1, 2, 3, 4 \qquad\qquad (5\text{-}32)$$

最后一个产气量（q_5）是稳定测试，对应的压力平方差为

$$\Delta p_5^2 = p_R^2 - p_{wf5}^2 \tag{5-33}$$

根据式（5-32）和式（5-33）分别计算不同测试产气量下的压力平方差，利用测点数据作图，进而求得该井的产能方程，推算出无阻流量。

3. 一点法试井

一点法也叫单点法，其含义是以单一工作制度生产至稳定状态，利用获得的地层压力、产气量和对应井底流动压力，代入本地区或类似气藏经验产能公式计算无阻流量，该方法实质是二项式产能公式的经验化。一点法的建立是基于气田大量丰富的气井稳定试井资料，即要先获得大量可靠的气井稳定产能方程和对应无阻流量。一般来讲，一个气田的气井稳定试井资料越多，所建立的一点法产能公式越具有代表性（杨国圣和张玉清，2015）。

1）陈元千一点法

陈元千教授根据我国四川 16 个气田的 16 口气井的稳定试井资料统计分析求得 α 的平均值为 0.2541，取 α=0.25 代入式（5-34）中得

$$q_{AOF} = \frac{6q_g}{\sqrt{1+48\left(1-p_{wf}^2/p_R^2\right)}-1} \tag{5-34}$$

由式（5-34）可知，只要知道一口井的测试产量（q_g）和相应的稳定压力，即可求出该井的无阻流量（q_{AOF}）。

2）改进一点法

在不同的气藏，经验系数的 α 值也有一定差异。对于有限定容封闭气藏，当气井的生产达到拟稳态之后，气井的产能方程为

$$q_g = \frac{2.714\times10^{-5} KhT_{sc}\left(p_R^2-p_{wf}^2\right)}{\mu_g ZTp_{sc}\left[\ln\dfrac{0.472r_e}{r_w}+S+Dq_g\right]} \tag{5-35}$$

式中，q_g 为气井的产量，$10^4\,\text{m}^3/\text{d}$；$K$ 为气层有效渗透率，mD；h 为气层有效厚度，m；p_R 为地层压力，MPa；p_{wf} 为井底流动压力，MPa；p_{sc} 为地面标准压力，MPa；T_{sc} 为地面标准温度，K；T 为气藏温度，K；μ_g 为在平均压力 $P=\left(p_R+p_{wf}\right)/2$ 下地层气体的黏度，mPa·s；Z 为平均压力下地层气体的偏差因子，量纲为 1；r_e 为气藏供给半径，m；r_w 为井筒半径，m；S 为表皮系数；量纲为 1；D 为湍流系数，$\left(10^4\,\text{m}^3/\text{d}\right)^{-1}$。

将式（5-35）改写为常用的二项式：

$$p_R^2 - p_{wf}^2 = Aq_g + Bq_g^2 \tag{5-36}$$

$$A = \frac{3.684\times10^4\mu_g ZTp_{sc}}{KhT_{sc}}\left[\ln\frac{0.472r_e}{r_w}+S\right] \tag{5-37}$$

$$B = \frac{3.684\times10^4\mu_g ZTp_{sc}}{KhT_{sc}}D \tag{5-38}$$

当 $p_{wf}=0.1013\text{MPa}$ 时，则为气井的绝对无阻流量（q_{AOF}）。因此，由式（5-36）得

$$p_R^2 = Aq_{AOF} + Bq_{AOF}^2 \qquad (5\text{-}39)$$

将式（5-36）除以式（5-39）得

$$\frac{p_R^2 - p_{wf}^2}{p_R^2} = \frac{A}{A + Bq_{AOF}} \frac{q_g}{q_{AOF}} + \frac{Bq_{AOF}}{A + Bq_{AOF}}\left[\frac{q_g}{q_{AOF}}\right]^2 \qquad (5\text{-}40)$$

可令

$$\alpha = \frac{A}{A + Bq_{AOF}^2}$$

式（5-40）可改写为

$$\frac{p_R^2 - p_{wf}^2}{p_R^2} = \alpha \frac{q_g}{q_{AOF}} + (1-\alpha)\left[\frac{q_g}{q_{AOF}}\right]^2 \qquad (5\text{-}41)$$

张宗林等（2006）对靖边气田的一点法测试结果进行统计分析，认为产气量不同，气井的回归一点法 α 系数存在差异。

对于中低产井（$q_{AOF} < 50 \times 10^4 \mathrm{m}^3/\mathrm{d}$），产能计算公式为

$$q_{AOF} = \frac{0.8251q}{\sqrt{1 + 2.3309p_D} - 1} \qquad (5\text{-}42)$$

式中，p_D 为无因次压力。

对于中高产井（$q_{AOF} > 50 \times 10^4 \mathrm{m}^3/\mathrm{d}$），产能计算公式为

$$q_{AOF} = \frac{4.0787q}{\sqrt{1 + 24.7931p_D} - 1} \qquad (5\text{-}43)$$

$$p_D = \frac{p_R^2 - p_{wf}^2}{p_R^2}$$

因此，建议针对区块实际情况以及目前资料，应分井型回归修正一点法系数。待投产井井数达到一定数量时，在相同井型内，再按产能等级分为高产井、中产井、低产井进一步回归一点法系数。

5.3.2 气井产量约束条件

1. 经济约束条件

在气井的生产周期中，要确保气井的产出价值大于等于气井投入成本，即保证气井最终能够盈利。因此，以气藏实际钻井、建设投资、建产成本为基础，计算气田单井经济极限累计产气量、单井日产量经济极限。

通过计算得到的单井经济极限累计产气量（NP_{min}），可以计算单井的日产量经济极限，包括单井平均日产量经济极限和单井初期日产量经济极限。

单井平均日产量经济极限（q_{min}）：

$$q_{min} = \frac{NP_{min}}{365 \cdot \eta \cdot T} \cdot 10^{-4} \qquad (5\text{-}44)$$

式中，q_{min} 为单井平均日产量经济极限，$10^4 \mathrm{m}^3/\mathrm{d}$；$NP_{min}$ 为单井经济极限累计产气量，m^3；

η 为采气时率，小数（年生产时间按 330d，取 0.9）；T 为单井寿命期，a。

单井初期日产量经济极限（q_{minini}）：

$$q_{minini} = \frac{NP_{min}}{365 \cdot \eta \cdot T \cdot (1-D)^{\frac{T}{2}}} \cdot 10^{-4} \tag{5-45}$$

式中，q_{minini} 为单井初期日产量经济极限，$10^4\mathrm{m}^3/\mathrm{d}$；$D$ 为产气量年综合递减率，小数。

当天然气生产的经营成本等于销售净收入时，气藏无继续开采价值时的产量为废弃产量（q_{mine}），即收支平衡时的气产量。

$$q_{mine} = \frac{C_{fg}}{365 \cdot (P_g - C_{vg})} \cdot 10^{-4} \tag{5-46}$$

式中，C_{fg} 为单井年操作成本，元/a；P_g 为天然气销售价，元/m^3；C_{vg} 为单位气可变操作成本，元/m^3。

2. 技术约束条件

对于产液气井，当气井产量低于某临界产量时，气井井底将积液甚至停产；当气井产量较大时，气体流量会对油管或套管产生严重的冲蚀作用，因此，对气井进行合理配产时，必须考虑上述因素。

1）临界携液流量

气井通常在开采过程中伴随产出一定的液体（水或凝析油），如果气体没有充足能量把液体举升出地面，液体随着时间的推移会在井底形成积液，从而降低气井产能甚至会使气井停产。预测最小携液流量的液滴模型应用较广泛，主要包括三种类型：Turner 圆球体模型；Coleman 模型；LiMin 椭球体模型。

A. Turner 模型

Turner（1969）对气井积液现象进行了研究，认为高速气流携液模型更符合气井积液问题的分析。假定气流中液滴为圆球状，曳力系数为 0.44，从而推导建立了最小携液流速和临界产量的公式（Turner，1969）。该公式适合于气液比大于 1370 的雾状流情况。

Turner 临界流速公式为

$$v_{cr} = 6.6 \cdot \sqrt[4]{\frac{(\rho_L - \rho_g)\sigma}{\rho_g^2}} \tag{5-47}$$

式中，v_{cr} 为最小携液流速，m/s；ρ_L 为液体密度，$\mathrm{kg/m}^3$；ρ_g 为天然气密度，$\mathrm{kg/m}^3$；σ 为气液表面张力，N/m。

B. Coleman 模型

Coleman 和 Hartley（1991）针对低压气井改进了 Turner 模型的临界流速公式，认为改进后的公式预测效果较好。其临界流速公式为

$$v_{cr} = 4.45 \cdot \sqrt[4]{\frac{(\rho_L - \rho_g)\sigma}{\rho_g^2}} \tag{5-48}$$

C. LiMin 模型

李闽等（2001）研究了液滴在高速气流中的形状，认为液滴在高速气流中会从圆球状

转变为椭球状（图5-7），从而增大了液滴在气流中的有效迎流面积，使液滴更容易被携带至地面。

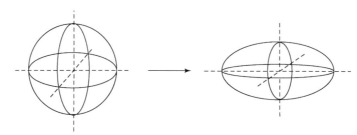

图 5-7　高速气流中运动的液滴形状

LiMin 模型最小携液流速为

$$v_{cr} = 2.5 \cdot \sqrt[4]{\frac{(\rho_L - \rho_g)\sigma}{\rho_g^2}} \tag{5-49}$$

以上三种模型相应的最小携液产量公式均为

$$q_{cr} = 2.5 \times 10^8 \frac{Apv_{cr}}{ZT} \tag{5-50}$$

式中，q_{cr} 为最小携液流量，$10^4 \text{m}^3/\text{d}$；A 为油管截面积，m^2。

2）临界冲蚀产量

当气井产量较大时，高速气流会对管柱产生严重的冲蚀作用，使管壁加快磨损和老化。临界冲蚀流速是指能够避免井筒内高速气流对管柱产生冲蚀作用的最大流速。

目前对于临界冲蚀流速的计算，主要采用 Beggs 和 Brill（1973）提出的临界冲蚀速度计算模型，其计算公式为

$$v_c = \frac{C}{\sqrt{\rho_g}} \tag{5-51}$$

将式（5-51）转化为产量计算公式：

$$q_c = 5.164 \times 10^4 A \sqrt{\frac{p}{ZT\gamma_g}} \tag{5-52}$$

式中，v_c 为临界冲蚀速度，m/s；C 为常数，通常取 122；q_c 为临界冲蚀流量，$10^4 \text{m}^3/\text{d}$。

5.3.3　气井的合理产量

气井的合理产量是指气井有相对较高的产量，且在这个产量下有较长的稳定生产时间。气井的合理产量不仅可以使气井在较低的投入下获得较长时间的稳产，而且还可以使气藏在合理的采气速度下获得较高的采收率，从而获得较好的经济效益。因此，气井合理产量是气藏开发的重要指标之一，对高效开发气藏具有十分重要的作用。

如图 5-8 所示，在确定气井合理产量时，要根据多种因素来综合确定气井合理产量。总的原则是合理产量必须遵循资源保护和环境保护的原则，保证气井平稳安全地供气，具体有：①气藏保持合理的采气速度原则；②气井井身结构不受破坏原则；③平稳供气、产

能接替原则。

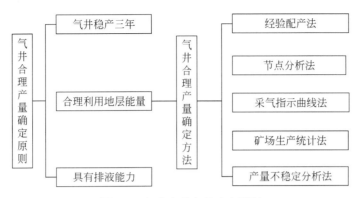

图 5-8 气井合理产量确定原则

在实际工作中，一般采用以下几种方法确定气井合理产量。

1. 经验配产法

基于无阻流量的经验取值法是一种简单的配产方法，该方法主要是根据初期无阻流量的大小，并结合气藏的地质情况，综合确定一个比例。此比例与初期无阻流量的乘积即为气井的合理产量。

根据国内外气藏开发经验，气井合理产量在无阻流量的 1/3 左右；而在实际配产过程中要充分考虑气藏储层特征、流体特征、是否存在水体等因素，合理产量在无阻流量的 1/6 ~ 1/3，部分致密气井的配产在无阻流量的 1/9 ~ 1/14。

该方法操作简单，应用广泛，但考虑因素不全面，存在一定的局限性。

2. 节点分析法

节点分析法是指将气井生产过程看成是一个连续不断的流动过程，把气体从地层、井筒至井口的流动作为一个整体来研究的分析方法。

在节点分析法中，绘制出流入和流出动态曲线，如图 5-9 所示，两条曲线有一交点，该交点同时满足流出动态曲线和流入动态曲线，称为协调点。该点处的产量称为协调点产

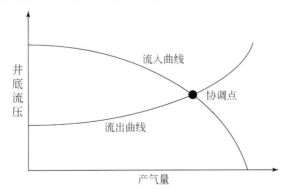

图 5-9 节点分析法流入和流出曲线

量，即为节点分析法确定的合理产量（王怒涛和黄炳光，2010）。

3. 采气指示曲线法

采气指示曲线法着重考虑的是减少气井渗流过程中的非线性效应。根据二项产能方程可知：

$$P_r^2 - P_{wf}^2 = Aq_g + Bq_g^2 \qquad (5-53)$$

式中，P_r 为地层压力；P_{wf} 为井底压力；A、B 分别为二项式系数。

从式（5-53）可以看出，气体从地层边界流向井筒的过程中，压力平方差由两部分组成：右端的第一项用于克服气流沿流程的黏滞阻力，第二项用于克服气流沿流程的惯性阻力。

大量的计算表明，当生产压差和气井产量较小时，地层中气体流速低，气井产量与压差成直线关系，表现为线型流动。随着气井产量增加，气体流速随之增大，生产压差不再沿直线增加，而是高于直线，表现为明显的非达西流效应。受非达西流的影响，单位地层压差采气量越来越少，降低了生产效率（王鸣华，1997）。因此，根据采气指示曲线，直线段的最后一点所对应的压差即为合理生产压差，该点所对应的产量即为气井合理产量（图 5-10）。

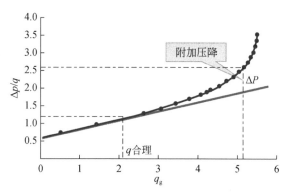

图 5-10 采气指数与产量关系曲线示意图

4. 矿场生产统计法（生产动态法）

气井投产一定时间后，逐步积累了丰富的生产动态数据。与早期短时产能测试相比，这些数据更能真实地反映未来较长时间内气井的生产能力，因此，生产数据分析就成为确定是否投产气井产能的重要手段。利用动态数据进行气井产能确定的方法，统称为生产动态分析法，主要采用压降速率法。

压降速率法以气井设定的稳产时间为目标，以气井投产至少半年后压降速率控制在一定数值以下为判断标准，进行气井合理产量的确定。

$$压降速率上限 = \frac{气井原始井口压力 - 气井最低外输压力}{设定稳产年限 \times 330}$$

在计算压降速率上限标准后，根据气井实际生产曲线中油、套压的压降速率进行产量调整，以求低于压降速率上限。

5. 产量不稳定分析法

本方法主要采用数值模拟技术，通过多方案的气井压力、产量等参数的预测对比，进而确定气井的合理产量。

以四川盆地一致密气藏 X 井为例，该井无阻流量为 $89.26\times10^4 \text{m}^3/\text{d}$，根据 X 井所处的储层展布特征、流体特征、压力恢复试井解释成果，建立单井地质模型，分别设置不同产气量进行预测，预测结果如表 5-2 所示。从预测结果来看，三个方案的 10 年累产气基本一致，但稳产期不同。致密气藏存在开发风险大，投资较大，为尽快完成投资回收，要求在稳产期内累产占该井累计产量的 40%~60%，因此该井的最佳合理产量为 $10\times10^4 \text{m}^3/\text{d}$。

表 5-2　四川盆地一致密气藏 X 井产量预测结果表

方案	设定日产气 /($10^4\text{m}^3/\text{d}$)	稳产期 /a	稳产期末累产气 /10^8m^3	10 年预测期累产气 /10^8m^3	稳产期末采出程度 /%
方案一	8	2.4	0.70	1.58	44.4
方案二	10	2.0	0.73	1.58	46.2
方案三	12	1.1	0.48	1.58	30.5

5.4　废弃压力及采收率

天然气藏采收率是指在现有集输经济条件下，能采出的天然气总量占原始地质储量的百分比，是衡量一个气藏开发效果和工艺水平以及地质储量可采性的综合性指标。

由于气藏一般采用衰竭式开发，气藏采收率通常直接与废弃压力相关。废弃压力是指气井具有工业开采价值的极限压力，是计算气藏采收率和可采储量的重要参数。气藏废弃条件包括经济极限产量（废弃产量）和废弃压力两个参数。

5.4.1　废弃压力计算

废弃压力是指天然气的抽采导致气藏压力不断降低，随即气藏产量递减至经济极限产量时的地层压力，该废弃压力下剩余天然气无法被经济有效利用。目前，矿场上常用的废弃压力确定方法有以下几种。

1. 经验取值法

国内外许多学者经过多年研究后认为气藏废弃压力主要由气藏埋藏深度、非均质性和渗透率决定（表 5-3）。

对于低渗透致密气藏，产层薄、单井产量低、生产压差大，特别是对于有水低渗致密凝析气藏，由于气流阻力相对较大，附加压力损失大，在利用上述经验公式计算废弃压力时，需要上浮 10%~40%（李士伦，2008）。

表 5-3　不同类型气藏废弃压力

气藏类型	适用条件/mD	经验公式
弱水驱裂缝性		$p_a/Z_a = (0.2 \sim 0.05)\, p_i/Z_i$
强水驱裂缝性		$p_a/Z_a = (0.6 \sim 0.3)\, p_i/Z_i$
定容高渗孔隙型	$K \geqslant 50$	$p_a/Z_a = (0.2 \sim 0.1)\, p_i/Z_i$
定容中渗孔隙型	$K = 10 \sim 50$	$p_a/Z_a = (0.4 \sim 0.2)\, p_i/Z_i$
定容低渗孔隙型	$K = 1 \sim 10$	$p_a/Z_a = (0.5 \sim 0.4)\, p_i/Z_i$
定容致密型	$K < 1$	$p_a/Z_a = (0.7 \sim 0.5)\, p_i/Z_i$

注：p_i、Z_i 分别为原始地层压力及偏差系数；p_a、Z_a 分别为废弃压力及偏差系数。

2. 气藏埋深法

在封闭无边底水气驱气藏中，常用以下 6 种经验法计算废弃压力。

（1）废弃压力为原始地层压力的 10%，适用于气藏深度小于 1524m，原始地层压力小于 12.857Mpa，其公式为

$$p_a = 0.1 p_i \tag{5-54}$$

（2）废弃压力为气藏深度乘系数 0.05，得到以 psi[①] 为单位的压力值，换算成国际制单位为

$$p_a = 1.131 \times 10^{-3} D \tag{5-55}$$

式中，D 为气藏深度，m。

（3）按照气藏深度，每千英尺[②]的废弃压力为 100psi，换成国际制单位后为

$$p_a = 2.262 \times 10^{-3} D \tag{5-56}$$

（4）气藏深度乘以系数 0.095，可得最佳废弃压力，换成国际制单位后为

$$p_a = 2.149 \times 10^{-3} D \tag{5-57}$$

（5）原始地层压力得 10%，再加上 100psi，作为废弃压力值，换成国际制单位后为

$$p_a = 0.1 F_i + 0.6894 \tag{5-58}$$

（6）双 50 法：

$$p_a = 0.03447 + 1.131 \times 10^{-3} D \tag{5-59}$$

5.4.2　采收率计算

1. 天然气采收率的影响因素

对于天然气采收率进行标定，首先必须弄清影响气藏采收率的因素。张伦友和孙家征（1992）通过对国内外实际气藏调研统计发现，影响气藏采收率的因素较多，如储层类型、

---

①　1psi=6.89476×10³Pa。

②　1 英尺=3.048×10⁻¹m。

水体大小、储层渗流条件、驱动类型、开采方式、工艺技术水平、输气压力、流体性质等，根据影响方式不同大致可划分为地质因素和开发因素。

1) 地质因素分析

对于低渗、特低渗气藏，如何准确确定储层展布特征、裂缝分布特征以及储层含气性特征是能否成功开发此类气藏的关键。低渗透气藏孔隙度低、喉道半径小、天然在储层中的流动阻力大，当地层压力下降到一定幅度时，天然就无法通过喉道，这时天然气相对形成了残余气，导致采收率低。

地质因素包括储层类型、气水分布特征、可动水体大小、储层渗透率大小及流体性质等。对于具体气藏来说，最重要的是储层渗流能力和可动水体大小。前者影响废弃压力大小，后者决定地层水活跃程度的物质基础。

在气藏驱动类型相同且水体活跃程度相当的条件下，废弃压力大小与储层渗流能力密切相关。气藏渗流能力越强，废弃压力越小，反之亦然，这也表明低渗透致密气藏相对常规气藏的采收率整体偏低。

当气藏为底水或者边水气藏时，会出现水体舌进、锥进等水窜现象。当气藏为均质孔隙型时，地层水均匀侵入，采收率高；对于非均质气藏，受裂缝或其他优势渗流通道的影响，会造成水窜或水淹，采收率极低。

2) 开发因素分析

与地质因素不同，开发因素则是人为的，往往受开采方式、工艺技术水平和对实际气藏认识程度的影响。开发因素主要分为开采方式和工艺技术两类。

A. 开采方式的影响

开采方式主要指人工控制水侵的措施，如布井方式、完井方式、采气工作制度、采气速度及开采规模等。尤其是活跃水驱气藏，开采方式合理与否，直接关系到气藏的水侵强度和最终采收率的大小。

气藏有无可动水体存在，是决定驱动类型的先决条件。可动水体的大小是决定地层水活跃性的物质基础，而气藏水侵的强度，关键在于所采用的开采方式。如果开采方式合理，即使气藏可动水体很大，驱动能量较强，其活动能量也可以通过有效的方法来加以抑制，使地层水缓慢均匀推进，或者阻止、避免推进，从而保护气层少受水侵伤害，避免形成封闭区和死气区，获得较高的采收率。相反，如果开采方式不合理，或对气藏地质、气水关系认识不足，不仅无法控制水侵，反而可能使水侵加强。

另外，在井网密度方面，由于低渗透气藏单井泄流半径小，如果要达到较高的产能和最终采收率，就需要比中高渗透气藏更密的井网，但井网密度的增加将大幅度增加开发成本。在复杂断块或岩性致密低渗气藏，由于构造或者沉积的原因，大气藏被分割成多个小气藏，或砂体呈透镜体状，形成一些独立的开发系统。要达到较高的最终采收率，理论上需要形成单独的井网，但成本较高，经济不可行，这也就是复杂断块和岩性低渗透气藏的采收率偏低的原因之一。

B. 工艺技术的影响

工艺技术则是指气层保护技术、储层改造技术和排水采气技术等。一般来说，随着井眼表皮系数的增大，损失在井底附近的附加阻力就增大，相应地使井的废弃压力增高。

气层保护技术能有效减少甚至消除井眼附近的伤害，提高井眼完善程度（降低表皮阻力），进而降低废弃压力。

大型酸化压裂技术可以提高井眼完善程度，还可以改造储层渗流条件，提高近井地带的渗流能力，降低地层内的流压损失，降低废弃压力。

排水采气工艺技术通过人工方法降低井筒内两相流动压力损失，进而达到降低废弃压力的目的。

综上所述，影响气藏采收率的因素多，但主要可以归结为地质因素和开发因素。对于有水低渗透气藏，只有采用合理的开采方式，应用先进的工艺技术，防止地层水的侵入强度，降低废弃压力，才是提高气藏采收率的根本途径（郭平等，2009）。

2. 天然气采收率的确定

不同的气藏地质开发特征，采收率确定方法不同，常采用以下几种方法。

1）经验取值法

对于新发现的实际气藏，动态资料缺乏，可根据气藏的类型和驱动方式，对比参照《石油天然气储量计算规范》（DZ/T 0217—2005）、《天然气可采储量计算方法》（SY/T 6098—2010）标准，狄索尔斯归纳的世界不同类型气藏采收率值（表5-4～表5-6），确定实际气藏的采收率范围。

表5-4　气藏采收率统计表一（按气藏类型）

序号	气藏类型	采收率
1	气驱气藏	0.80～0.95
2	水驱气藏	0.45～0.60
3	致密气藏	<0.6
4	凝析气藏	0.65～0.85，凝析油0.4

注：引自《石油天然气储量计算规范》（DZ/T 0217—2005）。

表5-5　气藏采收率统计表二（按气藏类型及地层水活跃程度）

分类指标 气藏类型	地层水活跃程度	水侵替换系数	废弃相对压力	采收率值范围	开采特征描述
I 水驱	Ia （活跃）	≥0.4	≥0.5	0.4～0.6	可动边、底水水体大，一般开采初期（$R<0.2$）部分气井开始大量出水或水淹，气藏稳产期短，水侵特征曲线呈直线上升
	Ib （次活跃）	0.15～0.4	≥0.25	0.6～0.8	有较大的水体与气藏局部连通，能量相对较弱。一般开采中、后期才发生局部水窜，致使气井出水
	Ic （不活跃）	0～0.15	≥0.05	0.7～0.9	多为封闭型，开采中后期偶有个别井出水，或气藏根本不产水，水侵能量极弱，开采过程表现为弹性气驱特征

续表

分类指标 气藏类型	地层水活跃程度	水侵替换系数	废弃相对压力	采收率值范围	开采特征描述
Ⅱ 气驱		0	≥0.05	0.7~0.9	无边、底水存在，多为封闭型的多裂缝系统、断块、砂体或异常压力气藏。整个开采过程中无水侵影响，为弹性气驱特征
Ⅲ 低渗透	Ⅲa （低渗）	0~0.1	≥0.5	0.3~0.5	储层基质渗透率 $K \leqslant 1.0 \times 10^{-3}\ \mu m^2$，裂缝不太发育，横向连通较差，生产压差大，单井产量 $q_g/km \leqslant 3 \times 10^4\ m^3/d$，开采中较少出现水侵。
	Ⅲb （特低渗）		≥0.7	<0.3	储层基质渗透率 $K \leqslant 0.1 \times 10^{-3}\ \mu m^2$，裂缝不发育，无措施下一般无工业产能，单井产量 $q_g/km \leqslant 1 \times 10^4\ m^3/d$，开采中极少出现水侵

注：引自《天然气可采储量计算方法》（SY/T 6098—2010）。

表 5-6　气藏采收率统计表三（按驱动类型）

序号	驱动机理类型	采收率
1	弹性气驱气藏	0.70~0.95
2	弹性水驱气藏	0.45~0.70
3	致密气藏	可低至0.3
4	凝析气藏	0.65~0.80，凝析油0.4~0.60

注：引自加拿大学者狄索尔斯归纳的世界不同类型气藏采收率。

2）类比法

对于未开发或缺乏开发动态资料的气藏，可以通过类比与其他地质条件及开发条件相似并已通过各种方法确定了天然气采收率的气藏方法来估算采收率，并通过与影响采收率的主要地质参数的对比适当修正，由此计算气藏可采储量与采收率。

3）容积法

根据气藏工程理论的物质平衡原理，对于定容封闭气藏，其容积法计算的探明储量等于可采储量加废弃时剩余地质储量，可采储量为

$$G_R = 0.01 A\phi S_{gi} \frac{T_{sc} p_i}{Z_i T p_{SC}} \left(1 - \frac{p_a/Z_a}{p_i/Z_i}\right) \tag{5-60}$$

气藏采收率：

$$E_{Rg} = 1 - \frac{p_a/Z_a}{p_i/Z_i} \tag{5-61}$$

式中，S_{gi} 为原始地层条件下的含气饱和度；Z_a 为废弃时流体的偏差系数。

对于某些气藏，在开发初期气井基本不产水，水侵表现不明显，仍表现出定容封闭特

征。加上气藏早期资料缺乏，不能较准确地判断水体的活跃程度，此时可按照定容封闭气藏物质平衡原理–容积法近似估算采收率，待后期钻井、测试及生产资料丰富后，再进行采收率标定。

对于一些非均质性强的低渗透气藏，其储量控制程度低，存在动态控制储量（G_d）远低于静态地质储量（G）的情况。对于此类气藏应考虑控制程度的影响，需要对式（5-61）进行修正。

$$E_{Rg} = \left(1 - \frac{p_a/Z_a}{p_i/Z_i}\right)\frac{G_d}{G} \tag{5-62}$$

式中，G_d 为动态控制储量，10^8m^3；G 为静态地质储量或容积法储量，10^8m^3。

4）水驱气藏修正容积法

对于无水侵气藏，由于束缚水及岩石膨胀影响较小，可近似认为开发过程中含气饱和度始终不变，即原始含气饱和度（S_{gi}）等于废弃时含气饱和度（S_{ga}）。对于水驱气藏，在开发过程中随着地层压力的下降，边底水不断侵入，使得气藏含水饱和度不断增大，含气饱和度下降，应当对容积法进行修正，考虑 S_{gi} 和 S_{ga} 的差异。

式（5-60）应修正为

$$G_R = 0.01 A\phi S_{gi}\frac{T_{sc}p_i}{Z_i T p_{SC}}\left(1 - \frac{p_a/Z_a}{p_i/Z_i}\frac{S_{ga}}{S_{gi}}\right) \tag{5-63}$$

气藏采收率也应该修正为

$$E_{Rg} = 1 - \frac{p_a/Z_a}{p_i/Z_i}\frac{S_{ga}}{S_{gi}} \tag{5-64}$$

式中，S_{ga} 为废弃时的气藏平均含气饱和度。

同样，对于非均质性强的低渗透气藏应考虑控制程度的影响，需要对式（5-64）进行修正。

$$E_{Rg} = \left(1 - \frac{p_a/Z_a}{p_i/Z_i}\frac{S_{ga}}{S_{gi}}\right)\frac{G_d}{G} \tag{5-65}$$

5）考虑水驱波及效率和残余气饱和度的水驱凝析气藏采收率

陈元千于 1998 年提出了一种确定水驱凝析气藏采收率的方法，在考虑废弃地层压力、岩石–束缚水的弹性膨胀、综合波及体积系数和水淹区残余气饱和度等因素影响下，水驱凝析气藏的采收率可由式（5-66）~式（5-68）表示：

$$E_R = 1 - \frac{p_a/Z_a}{p_i/Z_i}\left[1 - C_e(1 - p_a/p_i) - E_{va}\left(1 - \frac{S_{gr}}{S_{gi}}\right)\right] \tag{5-66}$$

$$C_e = \frac{C_w S_{wi} + C_f}{S_{gi}} \tag{5-67}$$

$$E_{va} = E_{pa}E_{za} \tag{5-68}$$

式中，S_{gr} 为水侵区残余气饱和度；E_{pa} 为平面波及系数；E_{za} 为纵向波及系数；E_{va} 为水侵区体积波及系数；C_e 为有效压缩系数，MPa^{-1}；C_w 为地层束缚水压缩系数，MPa^{-1}；C_f 为地层岩石有效孔隙压缩系数，MPa^{-1}；S_{wi} 为地层束缚水饱和度，小数；S_{gi} 为原始含气饱和度，小数。

由式（5-66）可以看出，对于水驱凝析气藏来说，废弃时的无量纲视地层压力和地层压力 p_a 越低，废弃时水侵波及体积系数（E_{va}）越高，水侵区的残余气饱和度（S_{gr}）越低，则水驱凝析气藏的采收率越大。对于非均质性较强的砂岩或裂缝性碳酸盐岩水驱凝析气藏，人为增加水侵波及体积系数和降低残余气饱和度相当困难，岩石和束缚水的压缩系数（C_e）可以忽略不计，式（5-68）可以变成：

$$E_R = 1 - \frac{p_a/Z_a}{p_i/Z_i}\left[1 - E_{Pa}E_{Za}\left(1 - \frac{S_{gr}}{S_{gi}}\right)\right] \tag{5-69}$$

对于新发现的水驱凝析气藏，在早期评价可采储量或采收率时，可以采用如下经验数值。

陈元千提出废弃时的无量纲视地层压力如下：

$$\psi_a = 0.7 \sim 0.9 (强水驱)$$
$$\psi_a = 0.4 \sim 0.7 (中等水驱)$$
$$\psi_a = 0.2 \sim 0.4 (弱水驱)$$

据统计，废弃时的平面波及系数和垂向波及系数：

$$E_{Pa} = 0.60 \sim 0.95 (平面)$$
$$E_{Za} = 0.60 \sim 0.90 (垂向)$$

据室内实验结果，或者采用经验参数值，可以确定废弃时的水侵区残余气饱和度：

$$S_{gr} = 0.68 S_{gi} - 0.197 (砂岩)$$
$$S_{gr} = 0.40 S_{gi} (碳酸盐岩)$$

6）强水驱气藏公式

在强水驱开采条件下，影响气藏采收率的因素主要有原始束缚水饱和度（S_{wi}）、被水侵入部分的残余气饱和度（S_{gr}），以及原始地层水侵入相对体积（F）。在强水驱作用下，地层压力基本保持不变，气体体积系数（B_g）也保持不变，其天然气采收率计算公式为

$$E_{Rg} = \frac{V_i\phi(1 - S_{wi} - S_{gr})B_g F}{V_i\phi(1 - S_{wi})B_{gi}} = \frac{1 - S_{wi} - S_{gr}}{1 - S_{wi}}\frac{B_g}{B_{gi}}F \approx \frac{1 - S_{wi} - S_{gr}}{1 - S_{wi}}F \tag{5-70}$$

第6章 致密气藏数值模拟方法

6.1 致密储层地质模型网格设计方法

致密储层在天然裂缝及后期体积压裂改造下的流动特征，可用连续介质和非连续介质模型来表征，相应地质模型网格设计策略不同。单一介质模型（single-porosity，SP）与双重介质模型，即双孔单渗（dual-porosity and single-permeability，DPSP）和双孔双渗（dual-porosity and dual-permeability，DPDP）属于连续介质，需要局部加密网格表征压裂缝。非结构离散裂缝模型（discrete fracture model，DFM）和嵌入式离散裂缝模型（embedded discrete fracture model，EDFM）属于非连续介质模型，对人工裂缝单独建立一套网格系统，避免了局部网格加密。根据井网设计、井型选择、井轨迹优化、产量预测等研究目标来选择介质类型和进行网格设计。模型网格设计的首要原则是要确保模型在保持较高精度的条件下，计算时间成本可接受。本节简要介绍了基质模型网格设计、天然裂缝处理和人工裂缝处理的基本方法和规范。

6.1.1 基质模型网格设计方法

储层平面、纵向非均质性特点是储层基质网格尺寸设计的主要依据。致密气藏储层非均质性强，主要表现为：①致密储层砂体在平面上顺物源方向呈席状、土豆状、条带状或呈不规则状分布，在剖面上有多期叠置、错叠连片、呈透镜状或多层砂泥互叠的特点，在平面上岩性、岩相不连续，变化快；②同一口直井或者水平井在纵向或者横向上会穿越多个砂体；③储层物性特征和分布规律在横向或纵向上差异大。

一般说来，储层平面发育越连续，纵向厚度越大，可以采用较大的网格尺寸；平面非均质性越强，砂体发育越窄、纵向发育越薄，应该采用较小网格尺寸。对于气藏而言，不是网格步长越小越好、层数越多越好，当网格小到一定程度后，降低了运算效率而不能明显提高计算精度。因此，应根据计算机的运算能力、气藏的资料情况和气藏研究的需要，合理确定模拟网格的大小，模型的网格系统只要能达到地质研究和气藏工程研究的目的要求就够了（冉启权等，2018）。随着计算机并行技术及基于图形处理器单元（graphics processing unit，GPU）算法的技术进步，模型网格可进一步精细化，但网格尺寸需要结合砂体展布特征来确定。

（1）平面上，精细地质模型建议采用不大于25m的网格尺寸，粗化后模型平面网格尺寸不大于50m，在平面上井间有7~10个网格。对于窄河道，平面网格尺寸需要进一步减小，确保河道宽度上可划分为不少于5~7个网格。

（2）纵向上，精细地质模型网格精度不低于0.2m（一般大于0.5m）。按照经验，粗化后的模拟网格精度一般将地质细分层划分为 3 ~ 5 层。在研究底水锥进等特殊问题时，网格尺寸需要进一步减小，确保能分辨出纵向隔夹层即可。

6.1.2 天然裂缝网格设计及等效处理方法

根据裂缝的几何尺寸大小，划分为大尺度裂缝、中尺度裂缝、小尺度裂缝（微裂缝和纳米缝），在地质模型中的表征方式均不同（曾联波等，2010）。在模型中，可以直接用离散的形式表征裂缝，单独形成一套与基质不同的网格（EDFM），嵌入基质网格中。如果裂缝数量多、分布广，可以采用连续介质的形式，用与基质同等的网格来描述裂缝（DPDP 或 DPSP）。

大尺度缝延伸长度一般大于 100m，裂缝宽度一般大于 10mm。由于大尺度裂缝规模大、延伸长度大、数量有限，可以用离散裂缝的方式来表征。

中尺度裂缝基于地震属性体，可采用蚂蚁追踪或者地震相干等属性进行提取，延伸长度为 10 ~ 100m，裂缝宽度为 1 ~ 10mm，裂缝密度大、延伸距离远、导流能力强。如果中尺度裂缝数量较少，可以采用离散裂缝显示表达；如果中尺度裂缝数量大，就需以等效连续的方式进行表征。

小尺度裂缝是根据取心、常规测井、成像测井等资料识别的，其延伸长度为 0.1 ~ 10m，裂缝宽度为 0.1 ~ 1mm；根据薄片、CT 扫描等手段观察，得到微裂缝的特征，其延伸长度为 0.005 ~ 0.1m，裂缝宽度为 0.001 ~ 0.1mm。对于这两类裂缝在模型中只能通过等效连续的方式进行表征。

在 FracMan、CMG 等软件中，可采用 TS 格式（.ts）和 FAB 格式（.fab）表征离散裂缝。

在 Eclipse、CMG 等软件中，可采用 DPSP 模型和 DPDP 模型，以等效连续的方式表征裂缝。这两种模型的定义和适用条件有一定差别：①DPSP 模型适用于裂缝流动能力占据主导作用的储层特征，裂缝对产能起到了决定性作用，可以忽略基质储层之间的流动，只需要考虑基质向裂缝的流动；②DPDP 模型适用于基质具有一定的渗流能力的储层特征，基质流体不仅向裂缝流动，且基质与基质之间的流动也不能忽略，基质对气井产能往往也有贡献。

6.1.3 水力压裂缝网格设计及等效处理方法

水力压裂缝是致密储层改造后的重要流动通道，可以通过微地震监测、压力监测及生产动态数据反演等方式进行描述、认识与评价。根据水力压裂缝的几何尺寸和力学机理，进一步划分为主裂缝、分支裂缝和剪切裂缝（图6-1）。

主裂缝设计与井筒方向垂直或者大角度相交，长度范围为 100 ~ 300m，开度大于 1.8mm，是流动的主要通道，导流能力强。为了评价压裂效果和优化压裂参数，需要在主地质模型中对主裂缝显式表征。

分支裂缝在主裂缝周围发育，与主裂缝相连，尺度相对较小。长度为 1 ~ 100m，开度为0.2~1.8mm，是次级流动通道。剪切裂缝是在压裂带附近，受到压裂带应力变化控制，离主裂缝稍远的微尺度裂缝，导流能力弱，但是对于外围基质储层内流体的流动起到不可忽视的作用。分支裂缝和剪切裂缝数量多，难以准确描述，可以采用连续等效介质的方式进行表征。

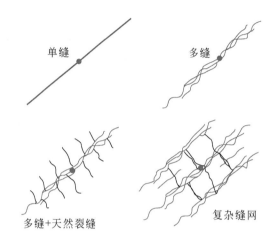

图6-1　水平井压裂形成的主裂缝与次生裂缝示意图（Cipola et al., 2008）

6.2　气藏工程数据准备及预处理

在致密气数值模拟中，除了需要包含基质和天然裂缝特征的地质模型外，还需要天然气高压物性系数表、岩石压缩系数、相对渗透率表、垂直管流（VFP）表、钻完井信息及生产动态等基础数据，并按照商业软件的标准格式进行准备和预处理。本节首先介绍了数值模拟所需要的主要数据，然后以商业数值模拟软件 Eclipse 为例，介绍了数值模拟各个模块的重点关键词及数据格式。

6.2.1　温压系统数据

气藏工程中研究的地层压力是孔隙中流体的压力，地层压力随深度的变化率称为压力梯度，可利用气井实测压力，获得实测压力梯度曲线和回归方程。将气层中各点的压力折算到某一基准面上，这个压力称为折算压力（王鸣华，1997），气层压力可按式（6-1）折算：

$$p = p_1 + 0.01\rho_g D \tag{6-1}$$

式中，p 为折算压力，MPa；p_1 为实测压力，MPa；ρ_g 为气体密度，g/cm^3；D 为折算高度，m。

在计算气藏压力时，通常选用原始气水界面之上，气藏含气高度的三分之一处作为折算时的基准面（钟孚勋，2001）。因为计算需要，有时直接用原始气水界面作为折算基准面。同一压力系统在原始状态具有相同的折算压力。

由于天然气性质受温度影响很大，因而温度是气藏开发的重要参数。地层温度随埋藏深度而变化。地温梯度（G_T）是指恒温带以下每加深一定深度，温度随之增加的度数，常用℃/100m 表示。根据各气井直接测量的温度和地温度梯度，可求取气藏参考深度对应值，作为气藏温度。气层温度在气藏开发过程中变化微小，可以认为是恒定的。

6.2.2　井流物数据

井流物样品分析用于确定天然气高压物性，通过井口采样和复配，然后进行实验室分析得到各个组分。

利用天然气组分数据，可根据经验公式得到天然气体积系数、黏度与压力的关系曲线。同时输入地层水矿化度，根据经验公式计算地层水黏度、体积系数、压缩系数。

6.2.3　岩石数据

对于气-水两相模型，需要输入气-水两相相对渗透率数据、毛管力数据及岩石压缩系数。对于基质储层，需要对多个岩心相渗数据进行归一化处理、标准化处理及端点标定等预处理。对于裂缝，一般采用 X 型相渗曲线，通过含水历史拟合对相渗曲线进行一定修正。

收集压汞曲线，通过界面张力和润湿角校正，得到气-水系统的毛管力曲线。如果有覆压孔隙度曲线，可以计算岩石孔隙压缩系数；也可以根据岩石疏松压实程度，根据经验公式得到岩石孔隙压缩系数。

Newman（1973）对孔隙度为 0.02 ~ 0.23 的砂岩样进行了大量的测试，统计出以下经验公式：

$$C_f = 145.04a/(1+bc\phi)^{1/b} \tag{6-2}$$

式中，$a = 97.32 \times 10^{-6}$；$b = 0.6999$；$c = 79.82$。

6.2.4　钻完井及井筒数据

对于完井，需要收集气井井身结构、射孔层段等基本钻完井数据，以及酸化、压裂等措施信息。对于压裂井，需要收集压裂设计、微地震等表征裂缝的信息，用于指导数值模拟模型中的裂缝表征。

气井油管尺寸、深度数据及多个工作制度下的压力测试数据，包括产气量、产水量、井底流压和井口油压数。筛选 Hagendorn Brown、Orkiszewski、Gray、Beggs and Brill 等方法进行井筒流动模拟，计算得到井筒管流数据表（VFP 表），用于计算井底流压与井口压力之间的压差（图6-2）。

6.2.5　生产动态数据

收集气井的日产气、口产水、油压日报数据以及静压测试数据，按照软件要求格式处

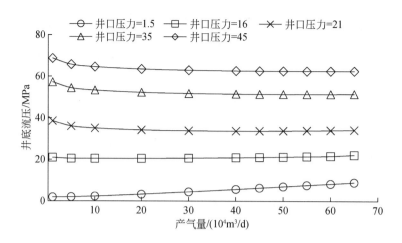

图 6-2　气井筒垂直管流曲线

理并导入，日产气、日产水及油压数据按照月步长输出。

　　收集试井解释成果，包括近井地带的有效渗透率、气井产能指数、裂缝半长、裂缝条数、裂缝导流能力和边界信息，指导数值模拟单井历史拟合的参数调整。

6.3　数模文件的构建

　　下面以 Eclipse 数值模拟软件的工程文件为例，说明数模文件的关键技术及方法。

6.3.1　功能模块及关键词

1）RUNSPECT 部分

　　在 RUNSPECT 部分，完成了数值模拟器类型、网格类型、尺寸、相态、井数等定义。例如，如果选择双重介质连续模型，需要指明是双孔单渗、还是双渗介质。如果属于干气气藏，采用气–水两相黑油模型；如果属于凝析气藏，采用组分模型。如果考虑渗透率应力敏感，需要启动岩石压实表。

（1）DUALPORO，使用双孔选项，无参数；

（2）DUALPERM，使用双渗选项，无参数；

（3）GAS，包含气相；

（4）WATER，包含水相；

（5）ROCKCOMP，启动岩石压实选项。

2）网格及地质属性 GRID 部分

　　在网格及地质属性 GRID 部分，定义了数值模拟几何模型和每一个网格中的地质属性分布（孔隙度、绝对渗透率、净毛比），根据这些信息，程序可以计算网格孔隙体积和中深、网格间的传导率。还需要指定局部网格加密关键词，用来表征压裂缝。笛卡儿坐标有两种网格类型：块中心网格和角点网格。

（1）COORD、ZCORN，指定角点几何网格；

（2）DX、DXV、DY、DYV、DZ，指定块中心网格尺寸；

（3）TOPS，构造顶；

（4）PERMX、PERMY、PERMZ，指定渗透率；

（5）PORO，指定孔隙度；

（6）NTG，指定净毛比；

（7）SIGMA、SIGMAV 指定基质-裂缝耦合参数，双重介质必选项；

（8）CARFIN、ENDFIN、HXFIN、HYFIN，笛卡儿坐标下的局部网格加密。

3）地质属性修改 EDIT 部分

在地质属性 EDIT 部分，包含了孔隙体积、传导率等中间结果修改功能关键词，全部属于可选项。

（1）PORV，孔隙体积；

（2）TRANX、TRANY、TRANZ，X、Y、Z 方向传导率；

（3）MULTPLY、ADD、EQUALS，乘、加、等于算术关键词；

（4）MULTX、MULTY、MULTZ，X、Y、Z 方向传导率倍乘数；

（5）MULTIREG，对指定区域（MULTNUM、FLUXNUM）乘以一个常数，与 MULTPLY 作用类似，可以用于修改孔隙体积和传导率。

4）物性 PROPS 部分

在物性 PROPS 部分，包含了与压力、饱和度相关的气藏流体与岩石物性。必须包括岩石压缩系数、相对渗透率曲线数据、毛管力曲线数据。

（1）ROCK，岩石压缩系数；

（2）OVERBURD，覆压表；

（3）ROCKTAB，岩石压缩系数表

（4）PVDG 或者 PVZG，干气藏天然气物性表；

（5）PVTW，水相物性；

（6）SGFN、SGWFN，气水相对渗透率曲线表；

（7）DENSITY，地面流体密度；

（8）MULTIREG，与 MULTNUM、FLUXNUM 或 OPERNUM 关键词搭配使用，对特定区域的物性乘以一个常数，可以用于修改孔隙度或渗透率。与 MULTPLY 的作用类似（区别在于 MULTIREG 不和 BOX 关键词搭配使用）；

（9）SWATINIT，初始水饱和度。

5）分区 REGION 部分

在分区 REGION 部分，把气藏分成多个计算单元，为了更加灵活地处理岩石、流体属性。

（1）SATNUM，岩石相对渗透率分区；

（2）PVTNUM，流体（密度、压缩系数及黏度）分区；

（3）EQLNUM，平衡区；

（4）FIPNUM，储量统计分区；

（5）FLXNUM，流动单元分区；

（6）ROCKNUM，岩石压缩分区。

6）初始化 SOLUTION 部分

在初始化 SOLUTION 部分，包含定义每个网格的初始状态（压力、饱和度）。

（1）EQUIL，平衡方式初始化；

（2）PRESSURE，枚举法每个网格的压力；

（3）SGAS，枚举法含气饱和度；

（4）SWAT，枚举法含水饱和度。

7）输出结果 SUMMARY 部分

在输出结果 SUMMARY 部分，包含需要输出的开发指标曲线，致密气藏常用的开发指标包括：产气量、产水量、地层压力、井底流压和井口压力。

（1）FGPR、GGPR、WGPR、CGPR，气田、井组、气井、射孔段日产气量；

（2）FWPR、GWPR、WWPR、CWPR，气田、井组、气井、射孔段日产水量；

（3）WBP、WBP9、WBHP、WTHP，井周射孔网格压力、井周射孔 9 个网格压力、井底流压与井口压力。

8）生产日志 SCHEDULE 部分

在生产日志 SCHEDULE 部分，定义了井类型及射孔参数，制定了生产井和注入井控制和限制条件，以及时间运算步长和报告输出步长。垂直管流曲线和模拟器调整参数设置也包含在这个模块。

（1）VFPPROD，生产井垂直管流表，用于根据井口油压与井底流压的计算；

（2）WELSPECS、WELSPECL，定义井、加密网格定义井；

（3）GRUPTREE，井组层级设置；

（4）COMPDAT、COMPDATL，分别在一般网格和加密网格中定义射孔；

（5）WCONHIST、WCONPROD，生产井历史数据控制、生产井预测条件设置；

（6）WPIMULT，射孔段连接系数乘数；

（7）WEFAC，设置开井效率；

（8）WELOPEN，开或者关井及井连接；

（9）WELDRAW，设置最大生产压差；

（10）WECON，生产井经济操作极限产量或者水气比。

6.3.2　初始条件的设置方法

1. 平衡方法

对于一个气藏压力系统，经过长期成藏后，系统内每个地方都要满足基本静水力平衡原则。设置平衡区的目的，就是建立一个静态的初始平衡状态，得到饱和度和压力的分布。

1）平衡区的性质与设置方法

在图 6-3 中是一个带油环的有水气藏。一个平衡区自下而上可分为 5 个带，即纯水带、油水过渡带、纯油带、油气过渡带、纯气带。

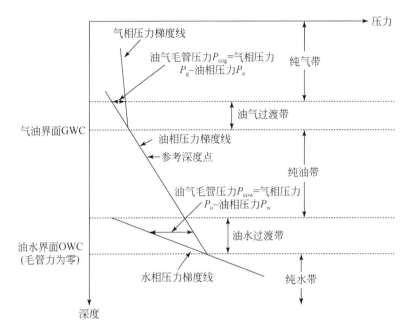

图 6-3　平衡区的流体饱和度和压力示意图

（1）在纯水带，含水饱和度为 SWU（最大含水饱和度），含气饱和度为 SGL（原生气饱和度）。含油饱和度为 1-SWU-SGL。根据水相压力梯度线，可以计算相应深度的水相压力（P_w）。

（2）在油水过渡带，根据油相压力梯度线和水相压力梯度线，可以计算油相压力（P_o）和水相压力（P_w）的压力差，即油水毛管压力（P_{cow}）。根据物性 PROPS 部分输入的油水毛管力曲线，由 P_{cow} 可查得相应深度的含水饱和度。

（3）在纯油带，含水饱和度为 SWL（原生水饱和度），含气饱和度为 SGL（原生气饱和度）。含油饱和度为 1-SWL-SGL。根据参考深度的油相压力以及压力梯度线，可以计算相应深度的油相压力。

（4）在油气过渡带，根据油相压力梯度线和气相压力梯度线，可以计算油相压力（P_o）和气相压力（P_g）的压力差，即油气毛管压力（P_{cog}）。根据物性 PROPS 部分输入的油气毛管力曲线数据，由 P_{cog} 可查得相应深度的含气饱和度。

（5）在纯气带，含水饱和度为 SWL（原生水饱和度），含气饱和度为 SGU（最大含气饱和度）。含油饱和度为 1-SWL-SGU。根据气相压力梯度线可以计算相应深度的气相压力。

对于一个气藏压力系统，采用 EQUIL 关键词设定平衡区。完整的 EQUIL 关键词包括 9 个参数，但在气水模拟运算中，一般只需要输入前 4 个参数：①参考深度；②参考深度下的压力值；③气–水界面深度；④气–水界面深度处的毛管力（如果第③个参数是自由水面，此处的毛管力为 0）。

一个模型是否满足初始水力平衡，可以通过模型空转的方式来进行检查，即在没有生产井的情况下，让模型运行 10 年，通过对比饱和度、毛管力变化情况来判断模型的平衡性，检查网格间是否没有发生流动，如果没有流动，表明模型是平衡的，反之亦然。

2）多个平衡区的设置方法

当一个气田存在多个压力系统时，可以为每个压力系统分别设置"平衡区"。在 RUNSPEC 部分中用 EQLDIMS 关键词指定平衡区的数量（NTEQUL）。在分区 REGION 部分，使用 EQLNUM 关键词对网格进行赋值。给定平衡区域中的所有网格用 EQUIL 关键词设置同样的压力参数系列，可以使用不同的饱和度表。

处于不同平衡区的网格应该是不连通的，否则它们可能不在平衡状态。采用 THPRES 关键词，可以设定不同平衡区之间流动的临界突破压差。

3）平衡区示例

下面介绍一个平衡分区及平衡设置例子，假设一个模型有 100 个网格。

（1）首先在 RUNSPECT 里面设置 NTEQUL=2。

（2）然后，在 REGION 里面设置 EQLNUM，前 50 个网格设置为第一平衡区，后 50 个网格设置为第二平衡区。

（3）最后，在 SOLUTION 里面设置 EQUIL。第一个平衡分区的气水界面为–3380，参考深度为–3260，参考压力为 61.2MPa；第二个平衡分区的气水界面为–3350，参考深度为–3140，参考压力为 60.5MPa。

```
NTEQUL=2

EQUIL
3260 61.2 3380 0.0 4*  1*  /
3140 60.5 3350 0.0 4*  1*  /

EQLNUM
50* 1 50* 2 /
```

2. 枚举法

当网格的饱和度和压力数据相对较为明确的时候，就可以显式指定每一个网格的值的方法来定义初始条件。

在 SOLUTION 部分，枚举法可用的所有关键词为：PRESSURE、SWAT（或 SGAS）。结合关键词 BOX 和 ENDBOX，可以很方便地在不同区域定义不同的值。作为 PRESSURE 的一种替换方法，初始压力也可以用关键词 PRVD 来定义压力与深度的函数关系。

需要特别注意的是，当输入的数据质量很差或饱和度与压力不一致时，不适于用枚举法做初始化。因此在实际研究中，枚举法往往适用于简单的机理模型研究。

6.3.3　端点标定方法

相渗和毛管压力曲线对计算结果的影响非常大，如见水时间、水气比和采收率。端点标定方法拓宽了相渗和毛管力曲线的应用范围，不需要对各网格输入不同的相渗和毛管压力曲线，只要改变曲线在各网格的端点值提高了数模的准确性和效率。

端点标定通常在以下情况下使用。

（1）重新设置初始含水饱和度。地质人员通常会基于测井解释和试气资料确定气藏的含水饱和度分布。在 Eclipse 软件中，为了实现平衡初始化，同时忠实于地质人员解释的含水饱和度分布，可以联合应用 SWATINIT 与 EQUIL 关键词，用 SWATINIT 关键词对模型网格的含水饱和度分布进行标定。在这个标定过程中，为了保证模型的初始平衡，软件会自动计算并调整与饱和度对应的毛管压力。

（2）实现非均质岩性的个性化相渗曲线和毛管力曲线赋值。数模模型输入的相渗曲线和毛管压力曲线通常是多个实验室岩心实验结果的平均值，如果岩石物性非均质性强，那么单一相渗曲线或者毛管力曲线不能代表不同网格的岩石差异特征。通过端点标定，对不同网格提供个性化的饱和度端点值，包括束缚水饱和度、临界含水饱和度、残余油（气）饱和度等端点值。

端点标定在 RUNSPEC 部分用关键词 ENDSCALE 激活。然后可以逐个单元格输入相渗曲线饱和度端点值（如 SWL、SWCR、SWU、KRW 和 PCW）。

关键词 ENDSCALE 有 4 个参数：①DIRECT 或 NODIR。默认值为 NODIR，即端点标定没有方向性，在 X（或 I）、Y（或 J）和 Z（或 K）方向会使用同一套饱和度函数表。②IRREVERS 或 REVERS。默认值为 REVERS，即端点标定是可逆的。例如，从网格 I 到 I+1 与从网格 I+1 到 I 的流动使用相同的数据表。③饱和度端点/深度关系表的数目。④饱和度端点/深度关系表中的节点数上限（参见 PROPS 部分的 ENPTVD、ENKRVD 关键词）。

在端点标定时，通常会进行以下操作。

1）相渗曲线的端点标定

在物性 PROPS 部分，用 BOX 关键词设置相渗曲线饱和度端点值，可以在各网格块设置端点值，包括以下几点。

（1）SWL 是原生水饱和度，通常记为 S_{wco}。对于任一个含水饱和度关系，它都是其中的最小值，通常被称为束缚水饱和度。

（2）SWCR 是临界含水饱和度，通常记为 S_{wcr}。在所给的含水饱和度函数表中，它是水不可动时的最高饱和度值（$K_{rw}=0$）。

（3）SWU 是最大含水饱和度，通常记为 S_{wu}。它在所给的含水饱和度函数表中，是最高含水饱和度值。

（4）SGL 是原生气饱和度，通常记为 S_{gco}。在所给的含气饱和度函数表中，它是最低含气饱和度值。

（5）SGCR 是临界含气饱和度，通常记为 S_{gcr}。在所给的含水饱和度函数表中它是气不可动时的最高饱和度值（$K_{rg}=0$）。

（6）SGU 是最大含气饱和度，通常记为 S_{gu}。在所给的含气饱和度函数表中，它是最高含气饱和度值。

2）毛管力曲线的端点标定

毛管力曲线的标定包括垂向和水平方向两个方面。

（1）毛管力曲线垂向标定：可以基于网格块标定，给定网格块内的最大毛管力值。分别用关键词 PCW、PCG 指定油/水和油/气毛管力的最大值。

（2）毛管力曲线水平标定：可以独立于相对渗透率对毛管力进行水平标定，标定的方法与饱和度函数标定的方法类似。水、气毛管力的端点分别用关键词 SWLPC 和 SGLPC 设定。

3）端点标定应用例子

例子 1，假设一个模型有 100 个网格。

首先，采用 SGFN 和 SWFN 关键词，对所有网格定义相同的相渗曲线。在 SGFN 关键词中，SGL 值设置为 0，SGCR 值设置为 0.1，SGU 值设置为 0.99；在 SWFN 关键词中，SWL 值设置为 0.01，SWCR 值设置为 0.2，SWU 值设置为 1。

分别对每个网格的端点值进行重新标定。前 50 个网格 SGCR 值重新设置为 0.1，后 50 个网格 SGCR 值重新设置为 0.2；前 50 个网格 SGU 值重新设置为 0.99，后 50 个网格 SGU 值重新设置为 0.98；前 50 个网格 SWL 值重新设置为 0.01，后 50 个网格 SWL 值重新设置为 0.02；前 50 个网格 SWCR 值重新设置为 0.2，后 50 个网格 SWCR 值重新设置为 0.22。

```
SGFN
0.0  0.0  0.0
0.1  0.0  1*
0.99 1.0  0.5/

SWFN
0.01 0.0  1.0
0.2  0.0  1*
1.0  1.0  0.0/

SGCR 50* 0.10 50* 0.20 /
SGU 50* 0.99 50* 0.98 /
SWL 50* 0.01 50* 0.02 /
SWCR 50* 0.20 50* 0.22 /
```

例子 2，假设一个模型有 5×5×4 个网格，由上往下含气饱和度逐渐降低，使用 SWATINIT 进行初始含水饱和度的重新赋值。

```
SWATINIT
25* 0.3
```

```
25* 0.6
25* 0.9
25* 1.0 /
```

6.3.4　特殊井型的模型构建方法

为了准确模拟水平井段和分支井段中的流动，可以采用多段井（multi-segment）方法，如图 6-4 所示。从井口的油管头开始，把井筒划分为多个井段（segment）和井段节点（segment node），并编号，分段计算压力降。由于多段井的定义较为烦琐，可以采用 Petrel RE 软件，或者 Eclipse 中的 Schedule 软件进行设置。

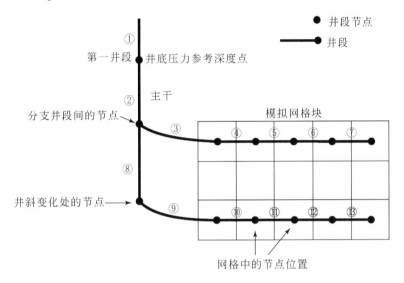

图 6-4　分支井筒划分为多段的示意图

WELSEGS 关键词用在 WELSPECS 关键词后，补充定义多段井的性质，包括几何属性和压降计算方法，其中关键词的参数分为两个部分。

第一部分参数主要用于定义第一井段（即 top segment）的性质，以及各井段的共性，包括：①井名；②top segment 的深度（该深度是井底压力的记录深度，将替代 WELSPECS 关键词中定义的井底压力记录深度）；③从井口油管头到 top segment 之间油管的长度（这段油管中的压力降用 VFP 表计算，在多段井中只计算 top segment 以后的油管中的压力降）；④top segment 的有效井筒容积；⑤各井段的油管长度和深度的类型（INC 表示增量，ABS 表示累积值）；⑥井段中压降计算方法（HFA 表示同时考虑重力、摩擦阻力和加速度，HF 表示同时考虑重力和摩擦阻力，H 表示只考虑重力）；⑦井段中多相流模型（HO 表示均一流动，DF 表示各相之间具有速度差，即滑脱流）；⑧top segment 中节点的 X 坐标；⑨top segment 节点的 Y 坐标。

第二部分参数定义每个分支井筒（branch）中各井段（不包括 top segment）的性质。在 Eclipse 软件中，在同一分支井筒中，也可以把性质相同的相邻井段编在同一组（以距离井口油管头最近的井段作为起点位置，开始编号），进行统一赋值。

　　（1）在该组中井段的最小编号（从②开始）；

　　（2）在该组中井段的最大编号（从②开始）；

　　（3）井段所属分支井筒的编号；

　　（4）该组之前的相邻井段（靠井口油管头方向）：定义该组井段在哪一个井段之后开始编号；

　　（5）该组井段的长度（如果第一部分参数中设定为INC，应输入该组中各单井段的长度。如果第一部分参数中设定为ABS，应输入该组中最后一个井段节点到油管头的长度）；

　　（6）该组中井段的深度（如果第一部分参数中设定为INC，应输入该组中各井段节点之间的深度差。如果第一部分参数中设定为ABS，应输入该组中最后一个井段节点与油管头的深度差）；

　　（7）油管直径（如果是环空生产，按流动截面积折算为等效直径）；

　　（8）井壁粗糙度；

　　（9）流动截面积；

　　（10）井段的容积。

以图6-4中的多段井为例。

　　井名为HW2，井底压力的记录深度（top segment 的深度）是2000m，从井口油管头到 top segment 之间油管的长度也是2000m。

　　第1个分支是主干（main stem），是长度为20m的直井段。在第1井段（即 top segment）之后开始编号，分为1个组，共1个井段。

　　第2个分支是一个长度为130m的水平井段，在第二井段之后开始编号，分为1个组，共5个井段。

　　第3个分支在第二井段之后开始编号，由于存在直井段（20m）和水平井段（130m），可分为2个组，共6个井段。

```
WELSEGS
--第一部分参数
HW2  2000  2000  1.0E2  ABS  HFA  HO /
--第二部分参数,main stem 作为第1个分支
2  2  1  1  2020.0  2020.0  0.3  1.0E-3 /
--第二部分参数,第2个分支
3  7  2  2  2150.0  2020.0  0.3  1.0E-3 /
/
--第二部分参数,第3个分支,分2组进行赋值
8   8  3  2  2040.0  2040.0  0.3  1.0E-3 /
9  13  3  8  2170.0  2040.0  0.3  1.0E-3 /
/
```

6.3.5　人工裂缝处理方法

　　一般情况，直井人工水力压裂缝为双翼裂缝，也被称为平面裂缝。对于水平井，通常

采用"分段多簇"压裂技术，由于采用多簇射孔，每个压裂段可能形成多条压裂裂缝（潘林华等，2014）。储层网格尺寸为 20~100m，不能满足精细刻画裂缝毫米级宽度尺度，常用局部网格加密（local grid refinement，LGR）的办法来精细化网格，尽可能接近裂缝尺寸。也可以在 Petrel RE 软件里面设置裂缝参数，通过等效算法计算裂缝所在网格的孔隙体积和传导率变化，这种方式更加简洁，由于没有改变原有网格尺寸，计算速度更快。

1. 局部网格加密法

图 6-5 显示了多段压裂平面裂缝的示意图，3 个父网格的 DX、DY 都等于 60m，图中每个父网格都有 1 条压裂缝。由于压裂缝的实际宽度小于 0.002m，如果细化网格尺寸等于或小于 0.002m，则可能会出现收敛问题。按照导流能力的等效方式，即相等的导流能力（渗透率×缝宽），可以把一个较大的网格尺寸（如宽度 0.1m，渗透率 100mD）等效表征压裂缝（宽度 0.002m，渗透率 5000mD）。

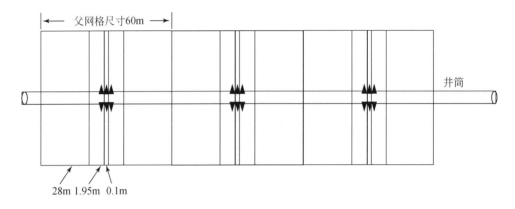

图 6-5　局部网格加密裂缝表征示意图

在图 6-5 中，采用非等尺寸分割方法定义 LGR 子网格尺寸，一个父网格被加密为 5 个网格，尺寸比例为 28∶1.95∶0.1∶1.95∶28。中间那个宽度 0.1m 的局部加密网格代表压裂缝。一般来说，如果是射孔完成，射孔段应仅连接压裂缝，即可考虑裂缝流动。如果井筒属于裸眼完井，那么所有网格都应该与井筒连接。

定义加密网格的 CARFIN 关键词，包括下列 10 个参数：①网格细化的名称；②父网格的 I 方向的起始网格；③父网格的 I 方向的终止网格；④父网格的 J 方向的起始网格；⑤父网格的 J 方向的终止网格；⑥父网格的 K 方向的起始网格；⑦父网格的 K 方向的终止网格；⑧I 方向加密后网格数量；⑨J 方向加密后网格数量；⑩K 方向加密后网格数量。

在 X 方向，用 NXFIN 指定每一个父网格的加密网格数目，紧接着用 HXFIN 关键词指定这些加密网格的尺寸比例。HXFIN 缺省时，会平均设定比例。同理，在 Y 方向，有 NYFIN 和 HYFIN 关键词；在 Z 方向，有 NZFIN 和 HZFIN 关键词。

参考图 6-5，下面简单介绍一个通过局部网格加密实现人工裂缝的例子。假设网格范围（I 方向：1-3；J 方向：1-1；K 方向：1-1），每个父网格包含 1 条压裂缝。以第一个父网格（1，1，1）中产生的第一条压裂缝，LGR1，为例。

利用 CARFIN 关键词进行局部加密的父网格范围是（1，1，1），在 I 方向加密后为 5 个网格。用 HXFIN 关键词设置 X 方向网格劈分比例，并指定加密网格的物性，如 PERMX、PERMY、PERMZ、PORO。

```
CARFIN --定义局部网格加密
' LGR1'    1 1 1 1 1 1 5 1 1 / --指定在第 1 个父网格中作加密
NXFIN    --定义每个主网格的加密网格数
5 /
HXFIN    --定义主网格劈分系数
28  1.95  0.1  1.95  28 /
EQUALS    --给表征压裂缝的加密网格赋属性
PERMX    100  3 3 1 1 1 1/
PERMY    100  3 3 1 1 1 1/
PERMZ    100  3 3 1 1 1 1/
PORO 0.9    3 3 1 1 1 1/
/ENDFIN
```

2. 水力压裂缝的等效处理方法

通过提高网格渗透率和井产能指数来等效处理水力裂缝，也是广泛应用的方法之一。在 SCHEDULE 模块，对井压裂措施进行等效处理，首先通过添加 MULTX、MULTY 关键词来提高影响网格的传导率，然后通过 WPIMULT 关键词来提高井筒与裂缝所在网格的连接系数。

以下面这个例子来说明这种方法的使用情况。M1 井经过压裂措施后，通过压裂监测等手段识别出裂缝分布范围，在 Petrel 软件可以设置裂缝网格（在模型中网格为 181-196，82-85，9-32）。具体关键词如下。

```
--在 GRID 部分
BOX    --定义 M1 井压裂影响储层范围
  181 196 82 85 9 32 /
MULTX --修改 X 方向传导率,由软件自动识别
11* 1 0.872454 43* 1 0.789065 16* 1 10.9981 7.57327
... ... ...(省略)
62* 1 0.968577 0.936656 62* 1 0.96865 31* 1 /
MULTY --修改 Y 方向传导率,由软件自动识别
111* 1 0.333684 26* 1 2* 0.874321 15* 1 16.8513 4* 2.11472
... ... ... ...(省略)
4* 1.20796 12* 1 4* 1.22377 12.7231 1 14* 1 0.881144 263* 1 /
ENDBOX
--在 Schedule 部分:
WPIMULT    --修改 M1 井产能指数,提高 10 倍
M1 10 5* /
    /
```

6.3.6　水体模型设置

数值模拟中的网格范围有限，往往没有包含外围水体。为了准确描述气藏能量，需要额外增加水体模型，主要包括数值水体和解析水体两大类（杨宇等，2016）。使用较多的解析水体包括卡特水体（Carter-Tracy）、菲特科维奇水体（Fetkovich）等。

1. 数值水体

数值水体由一排一维网格单元组成。用 GRID 部分中的 AQUNUM 关键词指定数值水体网格块的属性，用 SOLUTION 部分的 AQUCON 关键词将数值连接到气藏。

关键词 AQUNUM 包含 12 个参数，分别为水体编号（数字区间在 1 到水体数量之间）、水体网格的 I 方向编号、水体网格的 J 方向编号、水体网格的 K 方向编号、水体截面积、水体长度、水体孔隙度、水体渗透率、水体深度、水体初始压力、水体 PVT 表和水体相渗表。

关键词 AQUCON 包含 13 个参数，分别为水体编号、水体与 I 方向网格连接起始网格编号、水体与 I 方向网格连接终止网格编号、水体与 J 方向网格连接起始网格编号、水体与 J 方向网格连接终止网格编号、水体与 K 方向网格连接起始网格编号、水体与 K 方向网格连接终止网格编号、定义与水体连接的气藏网格面的法向方向、传导率倍数因子、传导率计算方法选项、水侵系数（缺省值为网格体的表面积）、水侵系数倍数因子和是否允许与水体邻近的有效网格连接。

2. 解析水体

1）Carter-Tracy 水体

Carter-Tracy 水体是完全瞬态渗流模型的简化形式，该方法是使用一个恒定终端速率影响函数表来实现的。用关键词 AQUCT 定义水体特性，用关键词 AQANCON 和 AQANCONL 确定水体与气藏的连接。

关键词 AQUCT 包含 13 个参数，分别为水体编号（数字区间在 1 到水体数量之间）、水体参考深度、参考深度处的压力、水体渗透率、水体孔隙度、总压缩系数（岩石+水）、水体内径或油气藏外径、水体厚度、水侵角度、水体流体属性表的编号、由无因次压力和时间构成的影响函数表的编号、水体初始盐浓度和水体温度。

关键词 AQUANCON 包含 11 个参数，分别为水体编号、水体与 I 方向网格连接起始网格编号、水体与 I 方向网格连接终止网格编号、水体与 J 方向网格连接起始网格编号、水体与 J 方向网格连接终止网格编号、水体与 K 方向网格连接起始网格编号、水体与 K 方向网格连接终止网格编号、定义与水体连接的气藏网格面的法向方向、水侵系数（缺省值为网格体的表面积）、水侵系数倍数因子和是否允许与水体邻近的有效网格连接。

2）Fetkovich 水体

Fetkovich 水体使用了一种基于拟稳态生产力指数的简化方法，适合可能迅速接近拟稳态条件的较小水体的。用关键词 AQUFETP 定义水体特性，用关键词 AQANCON 和 AQANCONL 确定水体与气藏的连接。

Fetkovich 水体参数包含两个关键词：AQUFETP（定义 Fetkovich 水体属性）与 AQUANCON（与 Carter-Tracy 水体中的关键词 AQUANCON 一致）。

关键词 AQUFETP 包含 9 个参数，分别为水体编号、水体参考深度、参考深度处的压力、水体初始体积、总压缩系数（岩石+水）、水体水侵指数、水体流体属性表的编号、水体初始盐浓度和水体温度。

6.4　数值模拟的调试与运行

6.4.1　历史拟合原则及方法

历史拟合的主要目的是认识和修正数值模拟动态模型的各项参数，确保气井预测的可靠性。历史拟合的主要步骤包括初始化、储量拟合、全区拟合及单井拟合等工作内容。致密气藏数值模拟中需要建立裂缝网格，但网格复杂、尺寸差异大，还需要考虑模型收敛性问题。

模型初始化就是对模型每个网格赋饱和度、压力场值，包括平衡法和非平衡法。对每个网格枚举赋饱和度和压力值，属于非平衡法，不符合动态平衡原理，不推荐使用。建议使用平衡法初始化模型饱和度和压力场，含水饱和度场按地质建模饱和度用毛管力进行标定，并用气-水界面进行约束。通过全区和分区统计，对比静态模型与初始化后的动态模型储量，误差控制在 5% 以内。

与常规气藏相比，致密气藏储层物性差，井间连通性差，压裂后改变了储层单一介质特征，这给历史拟合带来了较大困难和挑战。需要根据气藏生产动态特征，建立历史拟合的策略，然后选择合适的参数进行修正。首先进行全区历史拟合，尽可能修改全局参数，确保未钻井区域与生产井区域同等修改。完成全区历史拟合后，再通过修正局部参数进行单井历史拟合，确保单井预测准确性。

在拟合指标上，一般遵循如下策略：数值模拟单井按照定产气量工作制度生产，主要开发指标为井底静压、产水量和井口油压，井口油压受井底静压和产水量影响，首先拟合产水量和井底静压，再拟合油压。

国内学者，如罗洪涛等（2004）、李淑霞（2009）、穆林和王丽丽（2010）、苏玉亮等（2013）、罗勇（2013）、彭越（2020）等，在历史拟合方面做过大量研究。根据国内外致密气藏数值模拟经验，总结了历史拟合参数的选择依据、原则和调整范围等规则。

（1）人工措施前，模型单井产气量如果无法满足历史值，主要调整的参数是全区渗透率，确保全区及单井产气量才能得到 100% 拟合结果。渗透率调整幅度应尽可能控制在一个数量级范围内。

（2）对含水气藏，通过调整相对渗透率曲线、初始含水饱和度场和水体参数，进行全区产水量拟合。确保初始气藏饱和度分布更加正确，修改后的初始饱和度场应该与储层砂体展布、构造特征一致。通过端点标定，调整局部网格的相渗曲线和毛管压力曲线，完成单井的产水量拟合。

（3）单井地层压力拟合的主要修改参数是：井控区渗透率（传导系数）、有效压裂控制体积 SRV 及 SRV 与外围的地层的连通性。根据人工压裂缝半长设计或检测结果，调整 SRV 半径。SRV 范围内的地层受到了压裂改造，调整微小裂缝渗透率。因为储层连续性或者启动压力梯度的原因，SRV 与外围地层连通性往往较差，通常在模型中通过降低 SRV 网格与外围网格传导率来实现。

（4）通过修改压裂缝导流能力、表皮或者产能指数，改变生产压差，达到拟合井底流压的目的。如果有试井成果，需要参考试井解释表皮或裂缝导流能力。

（5）在井底流压拟合基础上，进一步拟合井口油压。重点拟合历史末期的井口压力，由于垂直管流模型在低产低压区间存在较大误差，通过调垂直管流表，可以校正井筒中的压力损失。

（6）储层含气饱和度参数也来自测井解释，可靠性一般，可做适当修改；储层孔隙度、有效厚度数据来自测井解释资料，可作适当修改，修改范围不要超过 10%。

6.4.2　运算收敛性分析

在了解收敛性之前，应该首先了解几个基本概念。

（1）报告步：一个数模作业包括多个报告步，报告步是用户设置要求多长时间输出运行报告，比如可以每个月、每季度或每年输出运行报告，运行报告包括产量报告和动态场（重启）报告。

（2）时间步：一个报告步包括多个时间步，时间步是软件自动设置（即通过多个时间步的计算来达到下一个报告步。

（3）非线性迭代：一个时间步包括多次非线性迭代。在缺省情况下如果通过 12 次的非线性迭代没有收敛，模拟将对时间步减小 10 倍。如果在计算过程中经常发生时间步的截断，计算将很慢。

（4）线性迭代：一个非线性迭代包括多次线性迭代，线性迭代是解矩阵。在 Eclipse 输出报告 PRT 文件中可以找到时间步、迭代次数的信息。

模拟计算的时间取决于时间步的大小，如果模型没有发生时间步的截断而且能保持长的时间步，那表明该模型没有收敛性问题；反之如果模型经常发生时间步截断，那模型计算将很慢，且收敛性差。时间步的大小主要取决于非线性迭代次数。如果模型只用 1 次非线性迭代计算就可以收敛，那表明模型很容易收敛；如果需要 2~3 次，则表明模型较易收敛；如果需要 4~9 次，那表明模型不易收敛；大于 10 次的化模型可能有问题；如果大于 12 次，时间步将截断。

导致模型收敛性问题的因素较多，既有数值模拟器求解算法的因素，也有网格设计原因，后期历史拟合不合适的修改也可能导致模型收敛慢。为了检查、克服数值模拟收敛问题，需要对模型从以下几个方面进行分析，并遵守相应的经验或理论准则。

（1）网格正交性差和网格尺寸相差太大是导致不收敛的主要原因之一。正交性差会给矩阵求解带来困难，而网格尺寸相差大会导致孔隙体积相差很大，大孔隙体积流到小孔隙体积常会造成不收敛。致密气藏裂缝宽度属于毫米级别，模拟表征裂缝特征时，网格尺寸差异大，面临收敛性问题更加突出，建议通过导流能力等效的方法比例提高裂缝网格宽度。

（2）地质模型 X、Y 方向的渗透率级差不宜过大。在垂向连通砂体处，网格的 Z 方向渗透率不要设为 0，可给一个合理的垂向/水平渗透率比值。

（3）流体 PVT 参数可能会有两种问题：①数据不合理导致了负总压缩系数；②压力或气油比范围给得不够，导致模型对 PVT 参数进行了外插。

（4）检查岩石相渗曲线和毛管压力曲线，必要的时候应进行光滑处理，临界饱和度和束缚饱和度应设为不同的值。应用端点标定时，有时标定完后的相渗曲线在局部变化过大，或标定后的毛管力很大，需要进行修正。

（5）初始化最容易发生的问题是在初始时模型不稳定，流体在初始条件下就会发生流动，这也会导致模型不收敛。尽量不要直接为网格赋压力和饱和度值，可以由模型通过气水界面及参考压力来进行初始化计算。想拟合地质提供的初始含水饱和度分布，应该进行毛管压力的端点标定，这样毛管压力会稳住每个网格的水，在初始条件下不会流动。

（6）进行井处理时，井轨迹可能以"之"字形穿过网格，有可能发生井的实际穿过方向与模型关键词定义的方向不符，这也会导致不收敛。在三维显示中检查井轨迹，如果已经关掉井，在模拟时要用关键词把井关掉，不要给零产量；检查井射孔，不要在孤立的网格上射孔。

（7）VFP 表中的管流曲线很有可能交叉或者发生了不合理的外插，容易导致模型不收敛。用前处理软件检查管流曲线，应该覆盖所有井口压力和含水、油气比及产量。

（8）经常通过添加负表皮来提高气井产能，模拟措施后的效果。但是过大的负表皮可能导致太高的射孔连接系数，也可能导致模型收敛问题。可以通过提高射孔段网格的渗透率来提高产能指数。

6.4.3 模拟器运算控制

一般情况下，使用模拟器缺省的时间步控制值是满足需求的。当需要使用 TUNING 关键词时，应格外小心。一般来说，可能需要更改的关键词有 TSINIT、TSMAXZ 和 LITMAX。例如，水体锥进问题研究通常在最初或在显著的产量变化之后需要小的时间步长，以避免时间步截断。不推荐对其他参数的更改，特别是对第二节中的收敛控制的更改。

TUNING 关键词数据包括 3 条记录，每条记录都必须以斜线（/）结束。如果遇到斜线在记录结束之前，不会更改记录中的其余参数。默认 TUNING 参数由 RUNSPEC 部分关键词 IMPES 和 IMPLICIT 重置。

记录 1：时间步进控件。

①TSINIT 下一个时间步长的最大长度，默认值：1.0 天。

②TSMAXZ 下一个时间步长之后的最大时间步长，默认值：365.0 天。

③TSMINZ 所有时间步长的最小长度，默认值：0.1 天。

④TSMCHP 最小可截断时间步长，默认值 0.15 天。

⑤TSFMAX 最大时间步长增加系数，默认值：3.0。

⑥TSFMIN 最小时间步长缩减因子，默认值：0.3。

⑦TSFCNV 收敛失败后缩短时间步长的因子，默认值：0.1。

⑧TFDIFF 收敛失败后的最大增加系数，默认值：1.25。

记录 2：时间截断和收敛控制。

①TRGTTE 时间截断误差目标，默认值：0.1（隐式），1.0（IMPES）。

②TRGCNV 非线性收敛误差目标，默认值：0.001（隐含）0.5（IMPES）。

③TRGMBE 物质平衡误差目标，默认值：$1.0E-7$。

④TRGLCV 线性收敛误差目标，默认值：0.0001（隐式），0.00001（IMPES）。

⑤XXXTTE 最大时间截断误差，默认值：10.0。

⑥XXXCNV 最大非线性收敛误差，默认值：0.01（隐式），0.75（IMPES）。

⑦XXXMBE 最大物质平衡平衡误差，默认值：$1.0E-6$。

⑧XXXLCV 最大线性收敛误差，默认值：0.001（隐含），0.0001（IMPES）。

⑨XXXWFL 最大井流量收敛误差，默认值：0.001。

记录 3：牛顿和线性迭代的控制。

①NEWTMX 一个时间步长中牛顿迭代的最大次数，默认值：12（隐式），4（IMPES）。

②NEWTMN 时间步长中牛顿迭代的最小次数，默认值：1。

③LITMAX 牛顿迭代中的最大线性迭代次数，默认值：25。

④LITMIN 牛顿迭代中的最小线性迭代次数，默认值：1。

⑤MXWSIT 井流计算中的最大迭代次数，默认值：8。

⑥MXWPIT 井口压力控制井中井底流压的最大迭代次数，默认值：8。

⑦DDPLIM 最后一次牛顿迭代时的最大压力变化，默认值：$1.0E6$。

⑧DDSLIM 最后一次牛顿迭代时的最大饱和度变化，默认值：$1.0E6$。

⑨TRGDPR 时间步长内的目标最大压力变化，默认值：$1.0E6$（隐式），100.0（IMPES）。

例子 1：显示的设置所有的缺省值。

```
TUNING
1 365 0.1 0.15 3 0.3 0.1 1.25 0.75 /
0.1 0.001 1E-7 0.0001
10 0.01 1E-6 0.001 0.001 /
12 1 25 1 8 8 4* 1E6 /
```

例子 2：将下一个时间步长限制在每天的十分之一，并对所有后续时间步长设置 10 天的上限时间步长。

```
TUNING
0.1 10.0 /
```

例子 3：要使用松弛的物质平衡设置 IMPES 默认值。

```
IMPES
```

```
/
TUNING
/
2* 1E-5 3* 1E-4 /
/
```

6.4.4　提高模型精度和效率的策略

无论是新气田开发，还是老气田的调整，数值模拟技术都发挥了重要的作用，数值模拟研究已成为气田开发方案编制和气藏工程不可缺少的研究内容之一。然而在实际应用中，数值模拟普遍存在历史拟合难度大，计算时间成本高的难题。近年来，精细化开发要求越来越高，为了节约成本，提高工作效率，需做好以下工作（郑强等，2007；黄金辉，2017）。

1. 培养数模研究人员的综合研究能力

油气藏数值模拟是应用数学模型重现实际的油气藏动态，是一门综合性很强的科学技术，包括油田地质学、油层物理学、气藏工程、采气工程、计算机系统和油气藏数值模拟程序。要做好一个模拟，需要上述方面专家配合。一个数模研究人员不但要熟悉数模软件的功能和操作，更要了解气藏的地质特征和开发特征，还有必要掌握每个专业对模型的影响及存在的不确定性。

2. 正确准备基础数据

正确收集和整理模型所需数据（包括静态气藏参数、动态数据、相渗、PVT 等），是建立一个正确模型的基础。既要把各项数据收集全，又要对数据去伪存真，结合地质分层、地质模型、产量、射孔、测试资料正确处理数据。整理数据过程也是动静结合检验地质模型是否正确的一个重要步骤。合理地整理和处理数据可减少反复重建模型的次数，提高拟合效率。

在数模中，有效厚度是指允许油气水可以流动的地层厚度，把水层、气层都计算在有效厚度内，即可渗流的地层厚度。在传统的地质研究和储量计算中，有效厚度是指达到工业气流标准的有效厚度，将低于气层标准的砂层当作干层，水层厚度一般也不参与统计。进行数模研究时，不应只考虑计算储量所用的气层有效厚度，而应考虑可渗流流体的地层厚度。

对气藏的储层类型和流体分布需正确描述，分类进行相渗特征、PVT 高压物性资料的归一化处理，并分区设置相应相渗曲线、PVT 曲线。

3. 利用建模数模一体化技术

建模、数模一体化技术是提高数模效率的重要手段，目前大多商业软件公司都已经搭建了各自的建模、数模一体化平台，减少软件之间转换和衔接问题，大大提高了数模人员的工作效率。

从储层地质建模研究考虑，地质模型应尽可能精细，一般地质模型网格数都在 1000 万节点以上。地质模型经网格粗化后可直接用于数值模拟研究，避免了以往建模数据导出和数模数据导入的烦琐情况，地质建模、数值模拟的一体化技术实现了两者之间的无缝衔接。

储层随机建模技术模型得到的多个实现，为井间储层分布的不确定性分析提供了条件，概率分析技术降低了储层井间分布的不确定性。数模建模一体化技术让建模的不确定性可以延伸到数值模拟研究中。根据油气藏生产历史，多个实现进行智能筛选，选用概率最大的和最符合生产历史的随机模型。一体化技术往往还可以把建模、数模过程建成工作流的形式，后期的局部修改或者不确定性分析都可以快速在工作流上完成。

利用辅助历史拟合技术是提高数值模拟研究效率的主要技术手段。计算机辅助历史拟合技术利用计算机硬件优势，有效提高工作效率，利用先进的算法，快速分析气藏敏感性，帮助工程师了解模型，同时得到多个符合动态数据的历史拟合结果。相比传统做法，辅助历史拟合还可以提供多解析，即不同参数组合下的历史拟合与预测结果，降低了多解性风险（邓宝荣等，2003；张巍，2009；安艳明，2010；张小龙等，2018）。目前最有效的自动历史拟合方法是最优控制理论和人工智能方法，主要包括伴随梯度算法、无梯度全局算法、无梯度局部算法等。目前主流的辅助历史拟合软件主要包括斯伦贝谢公司开发的 Petrel RE 软件中的不确定性分析与辅助历史拟合模块，以及 CMG 公司研发的 CMOST 软件。

4. 利用基于 GPU 的并行技术提计算速度

并行油气藏数值模拟既能处理大规模油气藏数值模拟（10 万节点以上）和超大规模油气藏数值模拟（百万节点以上），同时又能加快小规模油气藏数值模拟（10 万节点以下）的运算速度，使模拟更大、更快、更准确，缩短研究周期。并行油气藏数值模拟软件利用串行油藏数值模拟软件的局部网格加密功能做区域分解，将网格系统分区，分别派送给不同的 CPU 计算，减少模拟的运行时间。目前的并行软件主要有并行 VIP 和并行 Eclipse。它们具有高加速比，可做百万级节点数和更精细模拟。目前的并行软件可以在性价比较高的微机群上并行。测试和已做结果表明并行软件解法稳定，加速效率均在 75% 以上，若用 8 个 CPU 进行并行计算运算速度可以提高 6 倍以上，更主要的是解决了在做大型模拟时单 CPU 没有能力运算的问题，使数模的研究周期大大缩短。

基于 CPU \ GPU 协同并行，油气藏数值模拟既能处理大规模油气藏数值模拟（十万节点以上）和超大规模油气藏数值模拟（百万节点以上），使模拟更精细、更快、更准确，缩短研究周期。目前的并行软件 Eclipse 可以在性价比较高的微机群上并行，也可在工作站或者性能较好的笔记本电脑上进行运算。新一代并行数值模拟软件主要有 tNavigator、INTERSECT，它们具有更高的加速比，可做千万级节点数和更精细的模拟研究（罗冬阳等，2017，2020；赵梓寒等，2018）。

第7章 致密气藏开发项目经济评价方法

7.1 经济评价的目的和研究内容

7.1.1 经济评价的目的

致密气藏开发项目经济评价，指对项目不同技术方案进行投资估算并进行经济效益分析，选择最优的技术经济方案。致密气藏开发是技术和资本密集型项目，投资远高于相同埋深的常规天然气。为了更有效地推动和促进致密气藏开发，要用尽可能的财力、人力、物力，以降低项目的投资风险，获得尽可能多的产品产量和社会经济效益。因此，有必要加强致密气藏开发项目经济评价的研究。同时，致密气藏开发项目经济评价也是实行项目管理、项目决策科学化，优化项目投资决策的有效手段。

7.1.2 经济评价内容及侧重点

致密气藏开发项目经济评价的主要内容包括财务评价（也称财务分析）和国民经济评价（也称经济分析）。财务评价是在国家现行的财税制度和价格体系条件下，从项目财务角度，分析计算项目的财务营利能力和清偿能力，从而判断项目的财务可行性。国民经济评价是从国家整体角度，分析计算项目对国民经济的净贡献，从而判断项目的经济合理性。

致密气藏开发项目建设期和运营期比较短，不涉及进出口平衡，且产品（主要是天然气、凝析油）的市场价格能体现其实际价值，财务分析结论能够满足项目投资决策需要，故致密气藏开发项目经济评价侧重于进行财务评价。

7.2 投资特点和经济评价的编制原则

7.2.1 致密气藏开发项目的特点

1）工程量大、投资高

致密气藏开发项目区域的自然环境多数比较恶劣，储层埋藏深度大，开发井以水平井为主，水平段长度较长，需要大规模酸化压裂后投产，若单井 EUR 低，只能依靠不断投产新井来弥补项目产能递减等特点，导致致密气藏开发项目较常规气工程量更大，投资更高。

2）不确定因素多，风险大

石油、天然气属于不可再生资源，储集状况复杂，同时在开发过程中存在产量递减和含水上升等客观规律，这些不可控因素使得油气田的开发建设存在较大风险。国内致密气藏开发项目储层非均质性强、含气饱和度低、气水关系复杂、较常规气开发项目不确定因素更多，风险相对更大。

3）没有明显的稳产期、递减快

在致密气藏发项目的整个生命周期中，随着开发进程不断深入，剩余储量逐步减少，单井产量逐步降低，会不可避免地出现如含水率上涨等影响气田整体开发进程的状况，所以在气田开发进行中要分阶段调整开发政策，在开发中、后期，随着含水率上涨，需要不断采取各种调整措施，来增加气藏可采储量，以弥补产量递减，确保其稳定生产。

综上所述，致密气藏开发项目具有单位产出投入高、投入产出比不确定、技术含量高、风险大、阶段性强等特点，要求致密气藏开发项目应有符合自身特色、科学合理的技术经济评价理论及评价方法。

7.2.2　经济评价的基本原理

1）资金时间价值

资金借助项目载体，在生产劳动过程表现出时间性，这种资金在周转使用中由于时间因素而形成的差额价值，使项目存续周期内的经济评价结果具有实际意义，根据上述资金的时间价值原理，形成了以现金流量分析（动态分析）为主，辅以其他静态分析的建设项目经济评价方法。

2）投资机会成本

在多种投资选择下，有限的资金只能选择单独的项目，这时选择项目能够带来的价值底限与放弃项目损失的最高价值相当。投资机会成本决定着投资能够带来的经济效益是唯一的，在衡量这一成本的大小时，结合资金时间价值理论形成投资项目的收益率。

7.2.3　经济评价的原则

"有无对比"原则是致密气藏开发项目经济评价现金流分析的基本原则，通过对比分析待评价项目"有项目"情况以及"无项目"情况下的投入、产品预计可获量的增减，进而评价项目的增量投资、费用及效益。

"无项目"情况是指不对待评价项目进行投资改造，即待评价项目保持现有工作量继续生产时，在评价期内待评价项目的支出与收益的预计发展情况。

"有项目"情况是指按照新的地质、气藏、钻采、地面工程方案设计，对待评价项目进行新增投资改造后，在评价期内待评价项目的支出与收益的预计发展情况。

评价期内"有项目"情况与"无项目"情况的现金流数据的差额为待评价项目的"增量"效益，"有无对比"排除了待评价项目按照新的地质、气藏、钻采、地面工程方案设计实施前各种条件的影响，突出项目新活动的效果。

"有项目"情况与"无项目"情况下效益和费用的计算应坚持可比性原则，"有无对比"的评价范围、评价期应保持一致，使其在计算"增量"时具有可比性。

通过"有无对比"评价致密气藏开发项目效益还应坚持以下原则（中华人民共和国住房和城乡建设部发布，2010）。

1）收益与支出计算口径相一致的原则

将收益和支出的估算限定在同评价一范围内，避免项目效益估算失真。

2）收益与风险权衡的原则

投资人通常关注的是效益指标，但是他们有时候并没有全面考虑项目所带来的风险因素，并且对于风险可能造成的损失估计不足。这就导致了项目失败的可能性。因此，投资者应该遵循收益与风险权衡的原则，在进行投资决策的同时不仅要考虑效益，还要关注风险，并在权衡得失利弊之后再做出决策。

3）以定量分析为主，定量与定性分析相结合的原则

通过计算效益与费用，可以对项目的经济效益进行分析和比较。通常来说，项目经济评价要求使用尽可能多的定量指标，但是对于一些无法量化的经济因素，无法直接进行数量分析的，应进行定性分析，并将其与定量分析结合起来进行评估。

4）以动态分析为主，动态分析与静态分析相结合的原则

动态分析是指在项目经济评价中考虑资金的时间价值，对现金流量进行分析。相比之下，静态分析是指在项目经济评价中不考虑资金的时间价值，只对现金流量进行分析。虽然静态指标与一般的财务和经济指标内涵基本相同，并且更加直观易懂，但它们只能作为辅助指标，而项目经济评价的核心在于动态分析。

7.2.4 经济评价报告的基本内容

致密气藏开发项目经济评价报告的基本内容一般包括以下八部分，在实际编制过程中应根据具体情况，对部分内容进行适当调整。

1）前言

简要说明项目来源、主要研究内容、主要结论及其他一些情况。

2）原方案编制及执行情况（新项目无此项内容）

简要说明原地质、气藏、钻采、地面工程方案设计以及原方案经济评价结论，并总结项目实际钻采、地面建设工作量、产能建设规模及进度、天然气产量、储量动用情况、采气速度、采出程度、递减率、经营情况。

3）方案设计概要

（1）地质气藏工程概要：主要包含气田概况、气藏类型、气藏特征、储量及储量动用情况、开发技术对策、方案设计等；

（2）钻采工程概要：主要包含钻井工程设计概要、完井工程设计概要、储层改造、采

气工艺等;

（3）地面工程设计概要：主要包含建设规模和总体布局、地面建设主要工作量等。

4）投资估算

（1）投资估算的编制范围及依据;

（2）已发生建设投资：主要包含已发生开发井工程投资、已发生地面工程投资（新项目无此项内容）;

（3）新增投资估算：主要包含新增开发井工程投资估算、新增地面工程投资估算、新增其他建设投资估算、建设期利息及流动资金估算等;

（4）总投资估算。

5）资金来源与融资方案

（1）投资资金筹措;

（2）流动资金筹措。

6）财务分析

（1）财务分析依据;

（2）财务分析基础数据：主要包含评价期、生产规模、天然气价格、商品率、税率、弃置费、补贴、基准收益率等指标的取值依据及取值情况分析;

（3）总成本费用估算：主要包含操作成本估算、折旧（折耗）估算、期间费用估算等;

（4）营业收入、营业税金及附加估算;

（5）财务分析结果：提供方案比选或投资决策相关的各类财务指标计算结果及财务分析图表，并对全部评价指标的计算结果做出分析;

（6）不确定性分析：包括盈亏平衡分析，敏感性分析和风险分析等;

（7）情景分析：可针对项目可能面临的各类风险因素，设置不同的情景模式并进行相应情景下的项目效益测算，支撑投资决策。

7）经济评价结论及建议

主要从总投资（或报批投资）、关键财务指标、项目经济效益情况等方面概括经济评价结论性意见，即项目是否可行、在什么条件下可行、什么条件下不可行等。根据项目的实际运行情况，提出可行的技术、经济和政策性建议，并通过具体数据来支持这些建议。

8）经济评价附表册

编制总投资及投资计划安排表、营业收入营业税金及附加估算表、操作成本估算表、折旧和摊销估算表、总成本费用估算表、利润表、现金流量表等经济评价附表。

7.3　经济评价方法

现阶段致密气藏开发项目经济评价常用的方法是现金流折现法，即在致密气藏开发项目经济评价原则的基础上，用折现现金流（discounted cash flow，DCF）来评估密气藏开发项目未来经营活动或资产价值的方法。DCF 就是用（一定的折现率）将项目未来确定期间内的现金流量转换为当前现值后的现金流，现金流计算流程见图 7-1。

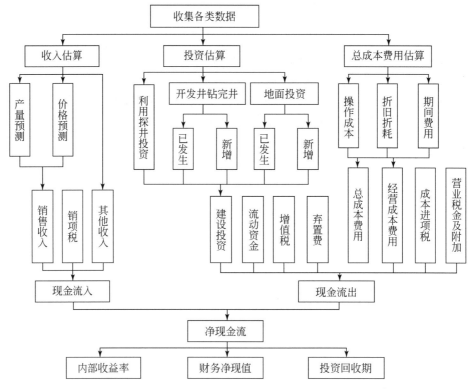

图 7-1　致密气藏开发项目经济评价现金流计算流程图

7.3.1　投资估算

致密气藏开发项目投资是指在整个致密气开发评价期内所需要的全部投资。

致密气藏开发项目投资按类型划分为建设投资、建设期利息和流动资金。

致密气藏开发项目投资按阶段划分为建设期投资和运营期投资，建设期投资包括为实现产能建设目标而进行的投资，其中包括建设投资、建设期利息和流动资金。建设投资主要用于钻探产能建设井，以确保项目能够达到产能建设目标。建设期利息则是由于投资资金使用而产生的利息支出。此外，还需要考虑到建设期的流动资金需求，以确保项目顺利进行。运营期投资包括为弥补产量递减而进行的投资以及运营期的流动资金。运营期投资主要用于钻探产能接替井，以弥补产量递减所带来的影响，确保项目的持续运营。同时，也需要考虑运营期的流动资金需求，以保证项目的正常运作。通过这些投资，项目能够顺利进行建设和运营，并达到产能建设和维持的目标。

致密气藏开发项目建设投资按工程内容划分为开发井工程投资和地面工程投资两部分，建设投资估算应采用包含增值税价格计算，并单独列出其中包含的增值税抵扣额。

建设投资估算的编制应符合国家、企业相关规定，包括编制依据、方法、内容、表格及编制说明等方面的具体要求。

1. 井工程投资估算

致密气藏开发井工程是指从钻前工程到试油工程结束的整个工程过程，主要包括钻前工程、钻井工程、固井工程、录井工程、测井工程和试油工程等。投资估算则包括了从钻前到试油的全部工程费用以及其他费用项目的组成（中华人民共和国住房和城乡建设部发布，2010）。除了工程费用之外，工程建设的其他费用也是投资估算中的一部分，主要包括设计费、监督费、建设单位管理费等，是在工程项目投资中支付的与工程建设相关的费用。这些费用是确保工程的顺利进行和高质量完成所必需的，而且在投资估算中需要被充分考虑。通过计算和预估这些费用，可以更准确地估算项目的总投资，并为项目的决策和管理提供参考依据。

致密气藏开发项目新部署的生产井井型多为平台式水平井，采用单排或双排钻机布井模式。实际操作中可采用工程量法，即按地质、气藏、钻采工程方案设计的工程量及单井工艺参数，采用照现行的指标、定额以及设备材料价格并结合目前市场价格水平对井工程投资进行估算。

常规气项目井工程投资占整个项目工程建设投资比重一般为 60%～70%。致密气藏由于埋深较大、开发井以水平井为主、水平段长度较长、需要大规模酸化压裂后投产等特点，现阶段井工程投资占项目建设工程投资比重大于常规气，部分项目可能达到 80% 以上。在井工程建设投资估算时应考虑积极采取推进工程技术服务市场化运作、加大市场选商力度、优化设计方案、加强过程管控等有效措施，强化投资成本管控，将项目井工程建设成投资制在合理范围内。

对于投资期较长的项目可通过技术进步、管理提升等一系列费用优化措施建立单井井工程投资学习曲线，优化分年度单井井工程投资。

在实际操作中，若能测算进尺单位成本可按式（7-1）简化计算：

$$单井井工程投资 = 单井钻井进尺 \times 每米进尺成本(元/m) \qquad (7\text{-}1)$$

若能测算平均单井钻完井分项费用可按式（7-2）简化计算：

$$年度井工程投资 = 平均单井钻完井投资(万元/口) \times 年钻井井数(口) \qquad (7\text{-}2)$$

根据开发井设计工作量及井工程投资合计计算井均井工程投资并编制井工程投资计划表（表7-1）。

表7-1　井工程投资计划表

评价期	单井井工程投资（不含增值税）/（万元/井）	单井井工程投资（含增值税）/（万元/井）	设计井数/口	井工程投资（不含增值税）/万元	井工程投资（含增值税）/万元	小计/万元
第1年						
第2年						
……						
合计						
井均井工程投资（不含增值税）						
井均井工程投资（含增值税）						

2. 地面工程投资估算

致密气藏开发地面工程涵盖了从井口（采气树）以后到商品气外输的所有工程。其中，主体工程包括井场装置、集气站、增压站、集气总站、集气管网、天然气净化装置、天然气凝液处理装置等。此外，还需要进行一系列的地面建设配套工程，如采出水处理、给排水及消防、供电、自动控制、通信、供热及暖通、总图运输和建筑结构、道路、生产维修和仓库、生产管理设施、环境保护、防洪防涝等。这些工程的建设是为了确保致密气藏的开发和生产能够顺利进行，并满足相关的环境保护和安全要求。

地面工程投资包括了工程费用、工程建设其他费用和预备费。工程费用主要涵盖设备购置费、安装工程费和建筑工程费；工程建设其他费用则包括固定资产其他费用、无形资产费用和其他资产费用；而预备费则分为基本预备费和价差预备费。

在实际操作中可采用工程量法，即按地质、气藏、地面工程方案设计的工程量，并参照现行指标、定额以及设备材料价格对地面工程投资进行估算（中华人民共和国住房和城乡建设部发布，2010）。

现阶段四川盆地致密气藏处于勘探开发早期阶段，为了快速增储上产，以大量单井试采方案配合少量井组先导实验方案以及区块试采方案的方式进行产能建设设计，在单井建设实施过程中不断总结经验，在管输的基础上发展出 LNG/CNG 拉运的方式运输产品，部分设备的建设采取合建、三方建设或租赁等方式进行。在进行投资估算时应结合项目实际情况进行，如主要设备建设期租赁费可计入投资估算。

根据开发井设计工作量及地面工程投资，合计计算井均地面工程投资，并编制地面工程投资计划表（表7-2）。

表7-2　地面工程投资计划表　　　　　　　（单位：万元）

评价期	地面工程投资（不含增值税）	地面工程投资（含增值税）	其中				小计
			工程费用	其他费用	预备费	增值税抵扣额	
第1年							
第2年							
……							
合计							
井均地面工程投资（不含增值税）							
井均地面工程投资（含增值税）							

3. 工程建设总投资估算

根据气藏工程产能建设设计安排，分别计算建设期工程建设投资、运营期工程建设投资、工程建设总投资以及井均工程建设投资，并编制工程建设投资计划表（表7-3）。

1）建设期利息估算

对于采用债务融资的致密气藏开发项目，根据融资方案，需要计算建设期利息。建设期利息是指在项目建设期间筹措债务资金时所产生的利息，它在项目投产后可以被资本化，即计入油气资产的原值中。建设期利息主要包括银行借款和其他债务资金在建设期间所产生的利息，以及其他融资费用。计算建设期利息的目的是全面考虑项目投资的实际成本，同时也是融资成本的一部分。通过对建设期利息的计算，可以更准确地评估项目的投资回报和盈利能力。

表 7-3　工程建设投资计划表　　　　　（单位：万元）

评价期	井工程投资（不含增值税）	井工程投资（含增值税）	地面工程投资（不含增值税）	地面工程投资（含增值税）	工程建设总投资（不含增值税）	工程建设总投资（含增值税）	小计
第 1 年							
第 2 年							
……							
建设期小计							
……							
运营期小计							
评价期合计							
井均工程建设投资（不含增值税）							
井均工程建设投资（含增值税）							

根据项目的具体情况，在工程建设总投资计划的基础上，可以选择使用名义年利率或有效年利率来计算建设期利息。这取决于融资方案、借款利率的类型以及其他相关因素。名义年利率是指借款协议中规定的年利率，而有效年利率则考虑了其他费用和因素，更准确地反映了实际借款成本。

（1）通常情况下由于项目评价周期以年为单位，借款计息周期也可简化为按年计息，将名义年利率按照实际的计息时间进行折算，得到有效年利率（中华人民共和国住房和城乡建设部发布，2010）：

$$有效年利率 = \left(1+\frac{r}{m}\right)^m \qquad (7-3)$$

式中，r 为名义年利率；m 为每年计息次数。

（2）为方便计算，可假设借款在每年的年中支用，按半年计息，其后年份按全年计息。按付息方式，建设期利息计算分两种情况。

建设期如果采用项目资本金付息，建设期利息按单利计算：

各期(通常为年)应计利息=(期初借款本金累计+本期借款额÷2)×名义利率　(7-4)

采用银行借款付息，建设期利息按复利计算：

各期(通常为年)年应计利息=(期初借款本息累计+本期借款额÷2)×有效利率 (7-5)

（3）如果投资项目需要从多个渠道筹措债务资金，而每笔借款的名义年利率不同，那么可以用两种方法来计算借款利息。首先，可以对每笔借款分别计算利息，使用前面提到的计算公式。另一种方法是计算出一个加权的有效年利率，然后使用这个加权有效年利率来计算借款利息。运营期利息支出是指在项目投产后的运营期间，将借款利息作为财务费用计入总成本费用中。

2）流动资金估算

在致密气藏开发项目中，流动资金是指企业在一个年度或者一个生产周期内可以变现或者耗用的资产合计。它是流动资产和流动负债之间的差额：

$$流动资金 = 流动资产 - 流动负债 \tag{7-6}$$

$$流动资金本年增加额 = 本年流动资金 - 上年流动资金 \tag{7-7}$$

流动资产由存货、现金、应收账款和预付账款等构成，而流动负债主要包括应付账款和预收账款。这些要素反映了企业在一年内或一个生产周期内的资产变现和债务偿还情况。在致密气藏开发项目中，由于预付账款和预收账款难以预测，故流动资产和流动负债的计算公式可简化为

$$流动资产 = 存货 + 应收账款 + 现金 \tag{7-8}$$

$$流动负债 = 应付账款 \tag{7-9}$$

流动资金的估算通常基于经营成本，而估算方法一般采用分项详细估算法对流动资产和流动负债的各组成要素进行分项估算。在致密气藏开发项目经济评价中通常采用扩大指标估算法，即按照运营期年经营成本的一定比例进行估算，公式如下：

$$流动资金 = 经营成本 \times 流动资金比例 \tag{7-10}$$

流动资金筹措一般应在项目投产前开始进行。为了满足经济评简化计算的需要，流动资金可在投产第一年开始筹措，并根据生产运营计划进行分期估算。由于油气开发投资项目在生产期的产量及操作成本每年都在发生变化，根据项目的运营计划和资金需求变化，流动资金的数额会每年进行调整。在现金流量表中，根据流动资金本年增加额的正负情况，将其计入流动资金的现金流出或现金流入部分。通过计算期末回收流动资金余额，可以了解项目运营期末的流动资金状况。

3）总投资估算

根据上述致密气开发评价期内所需要的全部投资，计算项目建设期投资、运营期投资、总投资及报批总投资，编制总投资估算表（表7-4）。

表7-4　总投资估算表　　　　　　　　　（单位：万元）

序号	项目	投资估算	占总投资比例	备注
1	利用已发生投资			
2	新增投资			
2.1	新增建设投资			
2.1.1	钻采工程			
2.1.2	地面工程			
2.1.3	其中：增值税抵扣额			
2.2	建设期利息			
2.3	流动资金			

续表

序号	项目	投资估算	占总投资比例	备注
3	总投资			
4	报批总投资			
4.1	新增建设投资			
4.2	建设期利息			
4.3	铺底流动资金			
4.4	其中：增值税抵扣额			

7.3.2　资金来源与融资方案

致密气藏开发项目投资资金的来源是指致密气藏开发项目资金从一定渠道取得或形成的来源，一般分为自有资金和银行借款。在研究和确定资金来源渠道以及资金筹集方式时，我们应该注意选择条件优惠、成本低的资金选项，以提高项目的投资效益。同时，通过进行资金筹措分析，确保建设资金及时到位，加快发挥投资效益。

为了提高项目投资决策的科学化水平，参考相关行业标准，致密气藏开发项目最低资本金比例按 35% 执行，并可根据项目自有资金使用情况及未来资金使用计划在一定范围内上浮调整。项目资本金计算公式如下（中华人民共和国住房和城乡建设部发布，2010）。

（1）建设期采用项目资本金付息：

$$项目资本金=（建设投资+建设期利息+铺底流动资金）×项目资本金比例 \quad (7\text{-}11)$$

在致密气藏开发项目评价中可简化计算为

$$项目资本金=建设投资×项目资本金比例+建设期利息+铺底流动资金 \quad (7\text{-}12)$$

（2）建设期采用银行借款付息：

$$项目资本金=建设投资×项目资本金比例+铺底流动资金 \quad (7\text{-}13)$$

$$债务资金=建设投资的债务资金+流动资金的债务资金+建设期利 \quad (7\text{-}14)$$

$$用于建设投资的债务资金=建设投资×（1–项目资本金比例） \quad (7\text{-}15)$$

7.3.3　财务分析

1. 财务分析基础数据

1）评价期

致密气藏开发项目评价期包含建设期和运营期。建设期根据地质、气藏工程设计的产能建设期确定；运营期参考类似致密气藏已投产项目生产动态情况确定，原则上不超过 20 年。

2）天然气价格

根据《中华人民共和国国家发展和改革委员会令第 31 号》规定，2020 年 5 月 1 日以起执行《中华人民共和国国家发展和改革委员会令第 31 号》的《中央定价目录》，将天然气门站价格从旧版的《中央定价目录》中移除，明确了非管制气、管制气的范围，并分别对两类天然气的价格形成机制提出了指导性意见。

（1）非管制气价格采用市场定价。非管制天然气包括：海上气、页岩气、煤层气、煤制气、液化天然气、直供用户用气、储气设施购销气、交易平台公开交易气、2015 年以后投产的进口管道天然气，以及具备竞争条件省份天然气的门站价格。故致密气藏开发项目中的直供用户气应采用市场定价。

（2）管制气价格按照"基准门站价格+浮动幅度"的方法确定，其中基准门站价格按照国家发展改革委印发《国家发展改革委关于调整天然气基准门站价格的通知》（发改价格〔2019〕562 号）执行；浮动幅度在基准门站价格上浮 20%、下浮不限的范围内执行。管制天然气包括：其他国产陆上管道天然气和 2014 年底前投产的进口管道天然气。故致密气藏开发项目中除直供用户气之外的项目应采用管制气定价机制定价。

3）天然气商品率

天然气商品率综合类似致密气藏已投产项目或本项目实际情况取值，川渝地区一般不低于 95%。

4）税率

在致密气藏开发项目的财务分析中，涉及的税费主要包括增值税、城市维护建设税、教育费附加、资源税和所得税等（中华人民共和国住房和城乡建设部发布，2010）。

（1）增值税是一种流转税，其征收对象是商品生产和劳务服务各个环节的增值因素。在征收增值税的过程中，一些特定情况下可以享受免交增值税的待遇，包括内部生产的自用产品、内部调拨材料和设备以及产品销售过程中所发生的费用。根据增值税税法规定和致密气藏开发项目特点，增值税可简化计算为

$$增值税 = 销项税额 - 进项税额 \tag{7-16}$$

$$销项税额 = 营业收入 \times 增值税税率 \tag{7-17}$$

根据《关于深化增值税改革有关政策的公告》（财政部 税务总局 海关总署公告 2019 年第 39 号），天然气增值税率取 9%。

（2）城市维护建设税以增值税额为基数进行计算，计算公式如下：

$$城市维护建设税 = 增值税 \times 税率 \tag{7-18}$$

城市维护建设税税率见表 7-5。

表 7-5 城市维护建设税税率表

项目所在地区	城市维护建设税（按增值税额为基数计算）/%
市（区）	7
县、镇	5
市（区）、县镇以外	3

（3）教育费附加是对缴纳增值税的单位和个人征收的一种附加费，专项用于发展地方性教育事业，包括教育费附加和地方教育费附加，同样以增值税额为基数进行计算，计算

公式如下:

$$教育费附加 = 增值税 \times (教育费附加税率 + 地方教育费附加征收标准) \quad (7\text{-}19)$$

教育费附加计取标准见表 7-6。

表 7-6　教育费附加计取标准表

项目	计取标准 (按增值税额为基数计算) /%
教育费附加	3
地方教育费附加	2
合计	5

(4) 资源税是为调节资源级差收入, 促进企业合理开发资源, 加强经济核算, 提高经济效益而征收的一种税, 资源税率为 6%, 参考《中华人民共和国资源税法》, 从低丰度油气田开采的原油、天然气, 减征 20% 资源税, 即致密气藏开发项目按 4.8% 征收资源税, 计算公式如下:

$$资源税 = 油气营业收入 \times 适用税率 \quad (7\text{-}20)$$

(5) 所得税是对企业就其生产经营所得和其他所得征收的一种税。根据国家有关企业所得税的法律、法规以及相关政策, 正确计算应纳税所得额, 并采用适宜的税率计算企业所得税, 同时注意正确使用有关的所得税优惠政策, 并加以说明, 根据《财政部 税务总局 国家发展改革委关于延续西部大开发企业所得税政策的公告》(财政部公告 2020 年第 23 号), 川渝地区致密气藏开发项目所得税税率 2021 ~ 2030 年取 15%, 2031 年以后取 25%, 计算公式如下:

$$应纳所得税额 = 应纳税所得额 \times 税率 \quad (7\text{-}21)$$

$$应纳税所得额 = 利润总额 - 纳税调整项目 \quad (7\text{-}22)$$

5) 弃置费用

弃置费用指为实施油气田弃置作业发生的支出。弃置费用的估算应按照工程设计弃置方案提供的油气资产的清理工艺标准及工程内容, 以本地区油田公司工程造价部门或定额管理部门提供的工程造价计价为依据进行估算。在没有弃置方案的情况下, 以本地区公司财务部门每年计提弃置费用的标准以及开发方案中设计的工作量为依据进行估算, 计算公式如下:

$$弃置费用 = 井工程弃置费用 + 地面设施弃置费用 \quad (7\text{-}23)$$

A. 井工程弃置费用

井弃置工程主要包含封井、井口设施拆除 (保留)、标识、监测等, 计算公式如下:

$$井工程弃置费用 = 单井弃置费用 \times 弃置井数 \quad (7\text{-}24)$$

B. 地面设施弃置费用

地面设施弃置费用主要包含地面工程设施的拆卸、搬移、填埋、场地清理、生态环境恢复等, 一般按投资原值的一定比例估算, 计算公式如下:

$$\begin{aligned}地面设施弃置费用 = {} & 站场投资原值 \times 站场弃置费用记取标准 \\ & + 管线投资原值 \times 管线弃置费用记取标准\end{aligned} \quad (7\text{-}25)$$

6）基准收益率

基准收益率也称基准折现率，是投资决策者对项目资金时间价值的估值，也是投资者以动态的观点所确定的、可接受的投资项目最低标准的收益水平，即选择特定的投资机会或投资方案必须达到的预期收益率。基准收益率的确定既受到客观条件的限制，又有投资者的主观愿望。例如，当开发风险较大时，可以上调基准收益率，根据投资风险调整折现率。

致密气藏开发项目税后基准收益率一般取6%。

2. 总成本费用估算

总成本费用估算主要包含操作成本估算、折旧（折耗）估算、期间费用估算等。

1）操作成本估算

操作成本估算可采用因素法，即根据驱动各项操作成本变动的因素，以及相应的费用定额估算操作成本。成本动因包括采气井数、总生产井数、天然气产量、产液量等，费用定额的取定应参考同类区块或相似区块的操作成本数据，并综合考虑开发区块的位置、开采方式、地面工艺流程、气藏物性和单井产量等因素。具体可分为采出作业费、轻烃回收费、井下作业费、测井试井费、天然气净化费、维护及修理费、运输费、其他辅助作业费和厂矿管理费等进行分别估算。

（1）采出作业费指采气过程中，直接消耗于油气井、计量站、集输站、集输管线和其他生产设施的各种材料、燃料、动力的费用，以及直接从事于生产的采气队、集输站等生产人员的工资及职工福利费。材料、燃料、动力费一般以天然气产量为基础按每千立方米费用指标计算，2022年类似项目平均水平分别为 $10 \sim 15$ 元/km³、$2 \sim 3$ 元/km³、$5 \sim 10$ 元/km³。直接人费以操作人员人均费用乘以项目最大定员数计算，操作人员人均费用可按18万~20万元测算。

（2）轻烃回收费指从天然气中回收凝析油和液化石油气过程中所发生的材料、动力、人员等一切费用，一般以天然气产量为基础按每千立方米费用指标计算。

（3）井下作业费包含维护性井下作业费和增产措施井下作业费两部分，致密气藏开发项目单井井下作业费可按260~280万元/井次测算，预估每口新井生产8年开展1次修井作业。

（4）天然气净化费是指在天然气处理厂（净化厂）对天然气进行脱水、脱油、脱硫等过程中发生的材料、燃料、动力、人员等一切费用，一般以天然气产量为基础按每千立方米费用指标计算。

（5）维护及修理费可按地面工程投资的一定比例计算，致密气藏开发项目一般取2.5%。

（6）其他辅助作业费指上述费用以外的直接用于天然气生产的辅助作业费用，一般以生产井开井数为基础按单井费用指标计算。

（7）厂矿管理费指油气生产单位包括采气厂、矿两级生产管理部门为组织和管理生产所发生的管理性支出，一般以全部定员为基础按人员费用指标估算，也可以生产井开井数为基础按单井费用指标计算。

（8）LNG、CNG 加工处理费，产品为 LNG、CNG 时，产品的生产成本还应考虑天然气转化为该类产品的加工处理费。现阶段 LNG、CNG 设备一般由项目第三方负责建设及运维，LNG 加工处理费约 1300 元/t，CNG 可变加工处理费约 500 元/km³，固定加工处理费约 200 万元/井/a。

2）折旧（折耗）估算

建设期和运营期所发生的投资按 100% 的固定资产形成率处理，按开发井投产动用储量估算，进入采气成本，弃置费经按项目长期借款利率为折现率折现后的弃置成本，也一并记入固定资产原值，并随固定资产一起折旧。折耗率计算公式如下：

$$平均单井动用可采储量 = 评价期累计产量/总开发井数 \tag{7-26}$$

$$当年新增动用储量 = 新投产井数 \times 平均单井动用可采储量 \tag{7-27}$$

$$年折旧折耗率 = 当年产气量/（累计动用可采储量 - 已累计产气量） \tag{7-28}$$

3）期间费用估算

期间费用包括管理费用、财务费用、营业费用以及勘探费用。

A. 管理费用

致密气藏开发项目管理费用一般包含天然气安全生产费用和其他管理费用，参考《企业安全生产费用提取和使用管理办法》（财资〔2022〕136 号），天然气安全生产费用按营业收入 7.5% 估算。其他管理费参考类似项目 2022 年平均水平按 60~80 元/km³ 测算。

B. 财务费用

包括运营期借款利息、流动资金借款利息和弃置成本财务费用。弃置成本财务费用是将弃置费按项目实际长期借款利率计提的财务费用。

C. 营业费用的估算应结合销售方式、销售渠道及相关销售协议确定。致密气藏开发项目一般取营业收入的 0.5%~1%。

4）总成本费用估算

根据上述致密气藏开发项目在运营期内为天然气及附属产品生产所发生的全部费用，计算总成本、单位总成本、经营成本、年均（单位）经营成本、单位操作成本等财务指标。编制总成本费用估算表（表 7-7）及操作成本费用估算表（表 7-8）。

表 7-7　总成本费用估算表

序号	项目	合计	评价期		
			第 1 年	第 2 年	……
1	油气生产成本				
1.1	操作成本				
1.2	折耗				
2	管理费用				
2.1	安全生产费				
2.2	其他管理费				

续表

序号	项目	合计	评价期		
			第1年	第2年	……
3	财务费用				
3.1	运营期贷款利息				
3.2	弃置费财务费用				
4	营业费用				
5	总成本费用				
6	经营成本费用				

表7-8　操作成本费用估算表

序号	项目	合计	评价期		
			第1年	第2年	……
1	操作成本				
1.1	直接燃料费				
1.2	直接材料费				
1.3	直接人员费				
1.4	轻烃回收费				
1.5	井下作业费				
1.6	天然气净化费				
1.7	维护及修理费				
1.8	其他辅助作业费				
1.9	厂矿管理费				
2	单位操作成本				

3. 营业收入、营业税金及附加估算

1）营业收入计算

营业收入是指通过销售天然气及副产品取得的收入，应根据气藏工程方案确定的分年天然气产量、天然气商品率和销售价格计算。如果天然气处理须经过天然气净化等环节，产品还应包括相关副产品。营业收入计算公式如下：

营业收入＝天然气产量×天然气商品率×天然气销售价格(不含增值税价格)

　　　　＋副产品收入　　　　　　　　　　　　　　　　　　　(7-29)

天然气商品率应根据生产过程中发生的损耗和自用情况综合确定。

现阶段致密气藏开发项目，特别是单井项目，主要产品或次主要产品可能是LNG或者CNG，一般拉运至当地市场就近销售。

天然气、凝析油以及其他产品价格按以下方式确定。

（1）天然气价格参考 7.3.3.1 节。

（2）凝析油价格参考相关行业标准定价也可按市场定价。

（3）LNG 或 CNG 一般销售合同或按市场定价。

2）营业税金及附加计算

致密气藏开发项目经济评价涉及的税费主要包括增值税、城市维护建设税、教育费附加、资源税、所得税等。税种的税基和税率的选择，应根据相关税法和项目的具体情况确定。如有减免税优惠，应说明依据及减免方式。计算方式参考 7.3.3.1 节。

3）编制营业收入、营业税金及附加估算

编制营业收入、营业税金及附加估算见表 7-9。

表 7-9 营业收入、营业税金及附加估算表

序号	项目	合计	评价期		
			第 1 年	第 2 年	……
1	总收入				
1.1	营业收入				
1.1.1	天然气销售收入				
1)	天然气商品量/$10^4 m^3$				
2)	天然气价格/（元/km^3）				
1.1.2	凝析油销售收入				
1)	凝析油商品量/t				
2)	凝析油价格/（元/t）				
1.1.3	其他销售收入				
1)	其他商品量/t				
2)	其他价格/（元/t）				
1.2	补贴收入				
2	营业税金及附加				
2.1	城市维护建设税				
2.2	教育费附加				
2.3	资源税				

4. 财务分析及方案比选

1）财务分析

财务分析是在项目财务效益与费用估算的基础上，计算经济评价指标，分析评价项目的盈利能力、偿债能力和财务生存能力，判断项目的财务可接受能力，明确项目价值贡献，为项目决策服务，主要包含以下指标的计算。

（1）财务内部收益率（financial internal rate of return，FIRR）。FIRR 是指能使项目在

整个评价期内各期的净现金流量的现值之和等于零时的折现率，即以 FIRR 作为折现率使下式成立：

$$\sum_{t=1}^{n} (CI - CO)_t \times (1 + FIRR)^{-t} = 0 \tag{7-30}$$

式中，CI 为现金流入量，万元；CO 为现金流出量，万元；n 为评价期的总期数。

（2）财务净现值（financial net Present value，FNPV）。FNPV 是指按一定折现率计算的项目计算期内净现金流的现值之和，计算公式如下：

$$FNPV = \sum_{t=1}^{n} (CI - CO)_t \times (1 + i)^{-t} \tag{7-31}$$

式中，i 为设定的折现率，一般等于基准收益率 i_c（行业内投资项目资金应当获得的最低 FIRR 水平）。

（3）投资回收期（P_t）。P_t 是指以项目的净收益回收项目投资所需的期数，可利用项目投资财务现金流量表计算，计算公式如下：

$$P_t = T - 1 + \frac{第(T-1)年的累计现金流量的绝对值}{第 T 年的净现金流量} \tag{7-32}$$

式中，T 为评价期内累计净现金流量首次为非负值的期数，一般从项目建设开始计算。

（4）完全成本和单位完全成本。完全成本指标属于企业财务分析理论体系，也是用折现现金流法计算投资项目财务分析指标的过程指标，它是应当前油气田企业响应国家降本增效、节能减排政策，对项目全周期全成本把关的新指标，计算公式如下：

$$完全成本 = 总成本费用 + 营业税金及附加 \tag{7-33}$$

$$单位完全成本 = \frac{完全成本}{按油气当量折算的油或气总商品量} \tag{7-34}$$

2）方案经济比选

方案经济比选是项目评价的重要内容。建设项目的投资决策以及项目可行性研究的过程是方案比选和择优的过程。在可行性研究和投资决策过程中，对涉及的各决策要素和研究方面，都应从技术和经济相结合的角度进行多方案分析论证，比选择优。

致密气藏开发项目若涉及互斥方案的比较（指同一项目的几个方案可以彼此替代，选择了其中一个方案，就意味着自动排除其他方案），按照不同方案所含的全部因素（包括效益和费用两个方面）进行方案比较，可视不同情况和具体条件分别选用净现值法、差额投资内部收益率法。

（1）净现值法

在进行单方面经济评价时，FNPV≥0 时，方案在经济上可取；FNPV<0 时，方案达不到预定的收益率，因此方案在经济上不可取。

在互斥方案比选时，在相同分析期的情况下，FNPV 值较大的方案相对较优。当各方面的分析期不同时，则必须在进行相应的可比性处理之后，才能按上述原则选择最优方案。

（2）差额投资内部收益率法

财务内部收益率 FIRR 是由方案本身的经济参数决定的，它是一个待求值，并不受基准收益率 i_c 的影响。

财务内部收益率指标主要用于衡量方案或项目的盈利能力。一般认为当 FIRR $\geq i_c$ 时，方案经济上可行；FIRR $< i_c$ 时，方案在经济上不可行。

若直接根据各方案财务内部收益率的大小来选择最优方案，则可能出现所得到的结论与采用净现值法评价的结论相矛盾的情况。因此，在互斥方案比选中一般都不根据财务内部收益率的大小来选择最优方案，而采用差额财务内部收益率指标来确定最优方案。所谓差额财务内部收益率，就是指两方案现金流量差额的现值等于零时所对应的收益率，一般用符号 ΔFIRR 表示。

两方案的差额内部收益率 ΔFIRR，与设定的基准收益率 i_c 进行对比，若 ΔFIRR $\geq i_c$，则以投资大的方案为优；反之，投资小的为优。在多方案进行比较时，应先按投资大小，由小到大排序，再依次就相邻方案两两比较，从中选出最优方案。

编制项目投资现金流量表如表 7-10 所示。

表 7-10 项目投资现金流量表

序号	项目	合计	评价期		
			第 1 年	第 2 年	……
1	现金流入				
1.1	营业收入				
1.2	销项税额				
1.3	补贴收入				
1.3.1	征收所得税补贴				
1.3.2	不征收所得税补贴				
1.3.3	增值税返还				
1.4	回收油气资产净值				
1.5	回收流动资金				
2	现金流出				
2.1	利用已发生投资				
2.2	新增建设投资				
2.3	流动资金				
2.4	运营期投资				
2.5	经营成本				
2.6	成本进项税额				
2.7	增值税				
2.8	营业税金及附加				
2.9	弃置费用				
3	所得税前净现金流量				

序号	项目	合计	评价期		
			第 1 年	第 2 年	……
4	累计税前净现金流量				
5	所得税				
6	所得税后净现金流量				
7	累计税后净现金流量				
	计算指标：	所得税前	所得税后		
	项目投资财务内部收益率/%				
	项目投资财务净现值/万元				
	项目投资回收期/a				

5. 不确定性分析

项目财务分析所采用的数据大部分来自预测和估算，具有一定程度的不确定性。为分析不确定性因素对评价指标的影响，需要进行不确定性分析和风险分析，估计项目可能承担的风险，考察项目的财务可靠性，提出项目风险的预警、预报和相应的对策，为投资决策服务。不确定性分析，包括盈亏平衡分析、敏感性分析和情景分析。

1）盈亏平衡分析

盈亏平衡分析是指通过计算项目达产年的盈亏平衡点（break even point，BEP），分析项目成本与收入（包括营业收入和补贴收入）的平衡关系，判断项目对产出品数量变化的适应能力和抗风险能力。盈亏平衡分析只用于财务分析。

图 7-2 是线性艰难盈亏平衡分析示意图，销售收入线（扣税后）与总成本线的交点称盈亏平衡点，也就是项目盈利与亏损的分界点。在 BEP 点左边，总成本大于销售收入

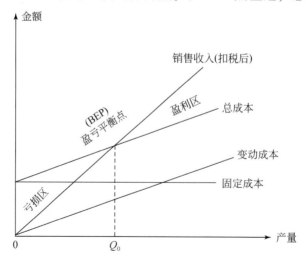

图 7-2　盈亏平衡分析图

（扣税后），项目亏损，在 BEP 点的右边，销售收入（扣税后）大于总成本，项目盈利。

在盈亏平衡点，税后销售总收入等于总成本，由此可得

$$(1-r)S = (1-r)PQ_0 = C_F + C_r Q_0 \tag{7-35}$$

式中，S 为销售收入；C_F 为固定成本；C_r 为单位产品变动成本；P 为产品单价；Q_0 为盈亏平衡产量；r 为综合税率。

盈亏平衡产量：

$$Q_0 = \frac{C_F}{(1-r)P - C_r} \tag{7-36}$$

由式（7-36）可以看出，影响盈亏平衡产量的因素有固定成本、产品价格、税率和单位产品变动成本。对于投资项目来说，未来市场条件的变化可能造成产品销售产量偏离其预期值，相对于预期的产品销售量，盈亏平衡产量越高，项目发生亏损的可能性越大，盈亏平衡产量越低，项目发生亏损可能性越小。

2）敏感性分析

敏感性分析包括单因素和多因素分析。单因素分析是指每次只改变一个因素的数值来进行分析，估算单个因素的变化对项目效益产生的影响；多因素分析则是同时改变两个或两个以上相互独立的因素来进行分析，估算多因素同时发生变化的影响。为了找出关键的敏感性因素，通常只进行单因素敏感性分析。

A. 单因素敏感性分析的基本特点

假定其他因素不变，仅一个自变量因素发生变化而导致经济效益指标的改变。根据致密气藏开发建设项目的特点，通常选择天然气销售价格、天然气产量、经营成本、投资等对项目效益影响较大且重要的不确定性因素作为敏感性因素（由于致密气藏开发项目产品多样化，进行敏感性分析应充分考虑各种主要产品的产量及价格的变动对项目效益的影响程度）；变化的百分率为 ±5%、±10%、±15%、±20% 等；选取的效益指标以项目财务内部收益率为主，必要时也可分析其他指标如净现值、投资回收期等。敏感性分析结果可通过敏感性分析表或敏感性分析图表示。

B. 敏感度系数

指项目效益指标变化率与不确定性因素变化率之比，计算公式为

$$S_{AF} = \frac{\Delta A / A}{\Delta F / F} \tag{7-37}$$

式中：S_{AF} 为评价指标 A 对于不确定性因素 F 的敏感度系数；$\Delta F/F$ 为不确定性因素 F 的变化率；$\Delta A/A$ 为 ΔF 变化率时，评价指标 A 的相应变化率。$S_{AF} > 0$，表示评价指标与不确定性因素同方向变化，$S_{AF} < 0$，表示评价指标与不确定性因素反向变化，$|S_{AF}|$ 较大者敏感度系数高。

C. 临界点

临界点是不确定性因素的变化使项目由可行变为不可行的临界数值，可采用不确定性因素相对基本方案的变化率或其对应的具体数值表示。采用何种表示方式由不确定因素的特点决定。

临界点可通过试算法公式求解，也可根据敏感性分析图求得，在敏感性分析图上以基

准收益率为基点画一条水平线，水平线与各敏感因素曲线的交点即为该敏感因素的临界点，其所对应的横坐标值就是该因素变动的临界值。

编制敏感性分析表如表 7-11 所示，敏感性分析图如图 7-3 所示。

表 7-11　敏感性分析表

序号	不确定因素	变化率/%	内部收益率/%	敏感度系数
1	经营成本	−20		
		−10		
		10		
		20		
2	销售价格	−20		
		−10		
		10		
		20		
3	油气产量	−20		
		−10		
		10		
		20		
4	建设投资	−20		
		−10		
		10		
		20		

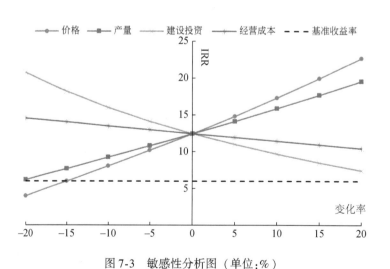

图 7-3　敏感性分析图（单位:%）

将不确定因素变化后计算的评价指标与基本方案评价指标进行对比分析，结合敏感度系数及临界点的计算结果，按不确定性因素的敏感程度进行排序，找出最敏感性的因素，分析敏感因素可能造成的风险，并提出应对措施。

3）情景分析

致密气藏开发方案编制过程中的情景分析主要指针对影响项目效益较大因素，设定具体的情景进行多情景的测算分析，如原油价格、单井产量等可选取在多种指标下的效益测算。同时，项目在实际运行中，往往会有两个或两个以上的因素同时变动，这时单因素敏感性分析不能反映项目承担风险的情况。因此，可同时选择几个变化因素，设定其变化的情况，进行多因素的情景分析，有利于决策参考。

由于致密气藏开发项目产品多样化，同一方案中可能出现天然气、LNG、CNG 等其中两种或多种主要产品，在进行价格情景分析时不能只考虑天然气价格变动对项目效益的影响，还应综合考虑各种产品对项目的贡献程度以及其价格波动风险大小进行分析。

在项目经济评价的基础上，还应从油田公司、集团公司的角度，多目标、多层次、多角度地分析可能产生的协同效益和整体效益，尽可能地采用量化的分析方法，不可量化的也应定性说明，作为决策的辅助参考。

6. 风险分析

1）风险因素

风险因素是指影响气田开发建设项目实现预期经济目标的经济风险因素来源与法律法规及政策、市场、资源、技术、工程方案、组织管理、环境与社会、外部配套条件等一个方面或几个方面。一般而言，影响气田开发建设项目效益的风险因素可归纳为如下六个方面。

（1）市场风险：天然气产量与价格；

（2）建设风险：建筑安装工程量、设备选型与数量、土地征用和拆迁安置费、人工、材料价格、机械使用及取费标准等；

（3）融资风险：资金来源、供应量与供应时间等；

（4）建设工期风险：工期延长；

（5）运营成本费用风险：投入的各种材料、燃料、动力的需求量与预测价格、劳动力工资、管理费取费标准等；

（6）政策风险：税率、利率、汇率及通货膨胀率等。

2）风险识别

风险识别是指运用系统论的观点对项目全面考察综合分析，一般通过问卷调查或专家调查等方法，找出潜在的各种风险因素，并对各种风险进行比较、分类，确定各因素间的相关性与独立性，判断其发生的可能性及对项目的影响程度，按其重要性进行排队，或赋予权重。通常，敏感性分析是初步识别气田开发建设项目风险因素的重要手段之一。

3）风险估计

风险估计是指运用主观概率和客观概率的统计方法，确定风险因素基本单元的概率分布，根据风险因素发生的可能性及对项目的影响程度，运用概率论和数理统计分析的方法，如概率树分析法、蒙特卡罗模拟法以及控制区间和记忆（CIM）模型等，计算气田开发建设项目效益指标相应的概率分布或累计概率、期望值、标准差，以此判断其风险等级。

4）风险评价

风险评价是指对气田开发建设项目经济风险所进行的综合分析。根据风险识别和风险估计的结果，依据项目风险判别标准，找出影响该项目成败的风险因素。

项目风险大小的评价标准应根据风险因素发生的可能性及其造成的损失来确定，一般采用评价指标的概率分布或累计概率、期望值、标准差作为判别标准，也可采用综合风险等级作为判别标准，具体操作应符合下列要求。

（1）以评价指标作判别标准。财务内部收益率大于或等于基准内部收益率的累计概率和标准差，累计概率越大则风险越小，标准差越小则风险越小；财务净现值大于或等于零的累计概率和标准差，累计概率越大则风险越小，标准差越小则风险越小。

（2）以综合风险等级作为判别依据。根据风险因素发生的可能性及其造成损失的程度，建立综合风险等级的矩阵，将综合风险分为 K 级、M 级、T 级、R 级和 I 级，风险等级见表 7-12。

表 7-12　综合风险等级分类表

综合风险等级		风险影响程度			
		严重	较大	适度	轻微
风险的可能性	高	K	M	R	R
	较高	M	M	R	R
	适度	T	T	R	I
	低	T	T	R	I

5）风险应对

风险应对是指根据风险评价的结果，研究规避、控制防范风险的措施，为气田开发建设项目全过程的风险管理提供依据。

（1）风险应对遵循的原则：全过程风险管理原则、动态管理原则、风险处理成本最小原则、成本效益原则、社会费用最小原则和风险权衡原则。

（2）决策阶段风险应对的主要措施：强调多方案比选；对潜在风险因素提出必要研究与试验课题；对投资估算与财务分析，应留有充分的余地；对建设运营期的潜在风险可建议采取回避、转移、分担和自担措施。

参 考 文 献

艾池，仇德智，张军，等．2017．页岩力学参数测试及脆性各向异性研究［J］．断块油气田，24，647-651.

安艳明．2010．计算机辅助历史拟合技术构想［J］．大庆石油地质与开发，29（4）：106-110.

陈德坡，刘焕成，陈姝宁．2019．孤东油田七区西馆五段曲流河点坝内部构型［J］．新疆石油地质，40（2）：188-193.

陈丽华，许怀先，万玉金．1999．生储盖层评价［M］．北京：石油工业出版社．

陈新，李庆昌．1989．应用地球物理方法预测地层破裂压力初探［J］．新疆石油地质，10（4）：49-55.

陈元千．1998．预测水驱凝析气藏可采储量的方法［J］．断块油气田，（1）：27-32.

邓宝荣，袁士义，李建芳等．2003．计算机辅助自动历史拟合在油藏数值模拟中的应用［J］．石油勘探与开发，（1）：71-74.

邓宏文，王红亮，祝永军．2002．高分辨率层序地层学原理及应用［M］．北京：地质出版社．

邸世祥等．1991．中国碎屑岩储集层的孔隙结构［M］．西安：西北大学出版社．

董立全．2005．川西南部地区需二气藏储层物性下限研究［D］．成都：成都理工大学．

董茜茜，马国伟，夏明杰，等．2015．含充填物的大理岩裂隙扩展过程及破坏特性［J］．北京工业大学学报，41（9）：1375-1382.

甘利灯．1990．岩性参数研究与AVO正演技术［D］．北京：中国石油勘探开发科学研究院．

耿燕飞，韩校锋．2014．鄂尔多斯盆地大牛地气田老区合理井网井距研究［J］．天然气勘探与开发，37（3）：52-56.

郭平，张茂林，黄金华，等．2009．低渗透致密砂岩气藏开发机理研究［M］．北京：石油工业出版社．

何东博，王丽娟，冀光，等．2012．苏里格致密砂岩气田开发井距优化［J］．石油勘探与开发，39（4）：458-464.

衡帅，杨春和，张保平，等．2015．页岩各向异性特征的试验研究［J］．岩土力学，36：609-616.

黄大志，向丹．2004．川中充西地区香四段气藏产能研究［J］．天然气工业，24（9）：3.

黄金辉．2017．提高油藏数值模拟历史拟合质量和效率方法的探讨［C］．成都：油气田勘探与开发国际会议．

黄荣樽，陈勉，邓金根，等．1995．泥页岩井壁稳定力学与化学的耦合研究［J］．钻井液与完井液，12（3）：15-21，25.

贾超．2018．三角洲类型及其沉积特征分析与研究［J］．中国石油和化工标准与质量，38（16）：75-76.

居宇龙，唐辉，刘伟新，等．2016．基于辫状河露头几何模型的小层对比方法及应用-以珠江口盆地A油田恩平组为例［J］．新疆石油地质，37（2）：179-185.

李广杰．2004．工程地质学［M］．长春：吉林大学出版社．

李金国．2021．依兰盆地始新统达连河组古地磁研究及其地质意义［D］．长春：吉林大学．

李闽，郭平，谭光天．2001．气井携液新观点［J］．石油勘探与开发，28（5）：105-106.

李庆忠．1992．高分辨率地震勘探对地震仪器的技术改进要求［J］．物探装备，3（1）：9-12.

李士伦．2008．天然气工程［M］．北京：石油工业出版社．

李淑霞．2009．油藏数值模拟基础［M］．东营：中国石油大学出版社．

刘成川．2005．应用产能模拟技术确定储层基质孔、渗下限［J］．天然气工业，25（10）：3.

刘小刚，张艺山，于志方．2018．基于FLAC～（3D）的层状岩石强度特征研究［J］．矿冶工程，38：39-43，47.

吕晶．2017．陆相泥页岩地层岩石力学特征及地应力场评价技术——以川西坳陷新场气田须五段地层为例［D］．成都：成都理工大学．

罗冬阳，王风，李元元．2017．Intersect大型油气藏模拟器助力高效开发油气田［J］．电脑知识与技术，13（9）：227-228，236.

罗冬阳，乔聪颖，谷悦，等．2020．tNavigator基于现代CPU和GPU计算平台的精细油藏模拟器助力大型油气田高效开发［J］．电脑知识与技术，16（18）：205-206.

罗洪涛，马丽梅，熊燕莉，等．2004．川西致密砂岩气藏数值模拟研究［J］．西南石油学院学报，（6）：21-23，98.

罗勇．2013．致密气藏加密调整可行性综合研究［D］．北京：中国地质大学（北京）．

穆林，王丽丽．2010．致密低渗气藏压裂水平井数值模拟［J］．石油钻采工艺，32（S1）：127-129.

潘林华，张士诚，程礼军，等．2014．水平井"多段分簇"压裂簇间干扰的数值模拟［J］．天然气工业，34（1）：74-79.

佩蒂庄F J，波特P E，西弗R．1977．砂和砂岩［M］．李汉瑜译．北京：科学出版社．

彭文斌．2007．FLAC 3D实用教程［M］．北京：机械工业出版社．

彭越．2020．窄河道致密砂岩气藏水平井生产规律及数值模拟研究［D］．北京：中国地质大学（北京）．

冉启权，等．2018．致密油气藏数值模拟理论与技术［M］．北京：科学出版社．

苏玉亮，袁彬，李硕轩，等．2013．盒8致密气储层水平井体积压裂增产影响因素［J］．科技导报，31（19）：20-25.

谭廷栋．1988．测井识别碎屑岩沉积相［J］．物探与化探，12（5）：352-363.

王勃力．2020．定边东仁沟油区长7段致密储层砂体构型及水平井参数优化［D］．成都：成都理工大学．

王璐，杨胜来，徐伟，等．2017．应用改进的产能模拟法确定安岳气田磨溪区块储集层物性下限［J］．新疆石油地质，38（3）：5.

王鸣华．1997．气藏工程［M］．北京：石油工业出版社．

王怒涛，黄炳光．2010．实用气藏动态方法［M］．北京：石油工业出版社．

王倩，王鹏，项德贵，等．2012．页岩力学参数各向异性研究［J］．天然气工业，32：62-65，130.

王松，林承焰，张宪国，等．2018．羊二庄油田Nm Ⅲ4-3单砂层曲流河储层构型［J］．大庆石油地质与开发，37（6）：85-92.

王晓光，谭锋奇，吕建荣，等．2017．克拉玛依油田七东1区砾岩油藏泥质含量测井解释方法［J］．测井技术，41（1）：64-70.

王渊，李兆敏，王德新，等．2005．岩石抗压强度回归模型的建立［J］．断块油气田，（2）：17-19，90.

吴胜，范峥，许长福，等．2012．新疆克拉玛依油田三叠系克下组冲积扇内部构型［J］．古地理学报，14（3）：331-340.

吴元燕，吴胜，蔡正旗．2005．油矿地质学第3版［M］．北京：石油工业出版社．

徐波，佟建宇，赵峰，等．2015．储层构型研究现状及发展趋势［J］．重庆科技学院学报（自然科学版），17（3）：20-23.

徐波，廖保方，冯晗，等．2019．南堡1-1区东一段浅水三角洲水下分流河道单砂体叠置关系［J］．大庆石油地质与开发，38（1）：51-59.

徐敬宾，杨春和，吴文，等．2013．页岩力学各向异性及其变形特征的试验研究［J］．矿业研究与开发，33：16-19，91．

杨国圣，张玉清．2015．涪陵页岩气工程技术实践与认识［M］．北京：中国石化出版社．

杨通佑，范尚炯，陈元千，等．1998．石油及天然气储量计算方法（第二版）［M］．北京：石油工业出版社．

杨宇，孙晗森，彭小东，等．2016．气藏动态储量计算原理［M］．北京：科学出版社．

尹太举．2003．高分辨率层序地层学及其在濮城油田开发中的应用［D］．北京：中国地质大学（北京）．

于兴河，李顺利，杨志浩．2015．致密砂岩气储层的沉积-成岩成因机理探讨与热点问题［J］．岩性油气藏，27（1）：1-13，131．

岳大力，吴胜和，刘建民．2007．曲流河点坝地下储层构型精细解剖方法［J］．石油学报，（4）：99-103．

曾联波，柯式镇，刘洋．2010．低渗透油气储层裂缝研究方法［M］．北京：石油工业出版社．

张烈辉，单保超，赵玉龙．2017．煤层气藏缝网压裂直井生产动态规律［J］．天然气工业，37（2）：8．

张伦友，孙家征．1992．提高气藏采收率的方法和途径［J］．天然气工业，（5）：32-36．

张铭．2003．高分辨率层序地层学在惠民凹陷下第三系隐蔽油气藏研究中的应用［D］．北京：中国地质大学（北京）．

张庆国，鲍志东，宋新民，等．2008．扶余油田扶余油层储集层单砂体划分及成因分析［J］．石油勘探与开发，（2）：157-163．

张尚锋．2003．高分辨率层序地层学及储层建模［D］．成都：成都理工大学．

张巍．2009．EnKF缝洞型碳酸盐岩油藏历史拟合研究［D］．北京：北京大学．

张小龙，杨志兴，王群超，等．2018．数值模拟辅助历史拟合新方法研究及应用［J］．天然气与石油，36（1）：76-80．

张永泽，刘俊新，冒海军，等．2015．单轴压缩下页岩力学特性的各向异性试验研究［J］．金属矿山，（12）：33-37．

张宗林，赵正军，张歧，等．2006．靖边气田气井产能核实及合理配产方法［J］．天然气工业，（9）：106-108，174．

章广成．2008．复杂裂隙岩体等效力学参数及工程应用研究［D］．北京：中国地质大学．

赵澄林．2001．沉积学原理［M］．北京：石油工业出版社．

赵文瑞．1984．泥质粉砂岩各向异性强度特征［J］．岩土工程学报，6：32-37．

赵梓寒，彭先，李骞，等．2018．基于精细地质建模的特大型气藏精细数值模拟研究——以磨溪龙王庙组气藏为例［C］．福州：2018年全国天然气学术年会（2气藏开发）．

郑强，丁艺，王蕾，等．2007．提高油藏数值模拟效率及精度的方法［C］．贵阳：2007年油藏地质建模与数值模拟技术应用研讨会．

郑荣才，吴朝容，叶茂才．2000．浅谈陆相盆地高分辨率层序地层研究思路［J］．成都理工学院学报，27（3）：241-244．

郑荣才，彭军，吴朝容．2001．陆相盆地基准面旋回的级次划分和研究意义［J］．沉积学报，（2）：249-255．

郑荣才，周刚，董霞，等．2010．龙门山甘溪组谢家湾段混积相和混积层序地层学特征［J］．沉积学报，28（1）：33-41．

中华人民共和国国家发展和改革委员会令第31号．2020．北京：中华人民共和国中央人民政府．

中华人民共和国住房和城乡建设部发布．2010．石油建设项目经济评价方法与参数［M］．北京：中国计划出版社．

钟孚勋. 2001. 气藏工程［M］. 北京：石油工业出版社.

周科峰，李宇峙，柳群义. 2012. 层状岩体强度结构面特征的数值分析［J］. 中南大学学报（自然科学版），43：1424-1428.

周文. 1998. 裂缝性油气储集层评价方法［M］. 成都：四川科学技术出版社.

周文. 2006. 川西致密储层现今地应力场特征及石油工程地质应用研究［D］. 成都：成都理工大学.

庄惠农. 2004. 气藏动态描述和试井［M］. 北京：石油工业出版社.

Adams L H. 1951. Elastic Properties of Materials of the Earth's Crust［M］. Internal Construction of the Earth（edited by Gutenberg）. New York：Dover publications，Inc.

Amadei B，Stephansson O. 1997. Rock Stress and Its Measurement［M］. London：Springer.

Barton C A，Zoback M D. 1988. Determination of in situ stress orientation from borehole guided waves［J］. Journal of Geophysical Research：Solid Earth，93（B7）：7834-7844.

Beggs D H，Brill J P. 1973. A study of two-phase flow in inclined pipes［J］. Journal of Petroleum Technology，25（5）：607-617.

Beskok A，Karniadakis G E. 1999. A model for flows in channels，pipes，and ducts at micro and nano scales［J］. Nanosc Microsc Therm，3（1）：43-77.

Brohi I G，Pooladi D M，Aguilera R. 2011. Modeling fractured horizontal wells as dual porosity composite reservoirs-application to tight gas，shale gas and tight oil cases［C］. Alaska：the SPE Western North American Region Meeting.

Brown M L，Ozkan E，Raghavan R，et al. 2011. Practical solutions for pressure-transient responses of fractured horizontal wells in unconventional shale reservoirs［J］. SPE 125043 PA，14（6）：663-676.

Chen C C，Rajagopal R. 1997. A multiply-fractured horizontal well in a rectangular drainage region［J］. SPE Journal，2（4）：455-465.

Cinco L H，Samaniego V F，Dominguez A N. 1978. Transient pressure behavior for a well with a finite-conductivity vertical fracture［J］. Society of Petroleum Engineers Journal，18（4）：253-264.

Cipolla C L，Warpinski N R，Mayerhofer M J. 2008. Hydraulic fracture complexity：diagnosis，remediation，and explotation［C］. Perth：The SPE Asia Pacific Oiland Gas Conference and Exhibition.

Civan F. 2010. Effective correlation of apparent gas permeability in tight porous media［J］. Transport in Porous Media，82（2）：375-384.

Coleman S B，Hartley B. 1991. A new look at predicting gas well load up［J］. Journal of Petroleum Tcehnology，43（3）：329-333.

Cross T A. 1994. High resolution stratigraphie correlation from theperspective of baselevel eyeles and sediment accommodation［C］. Holland：Elsevier Proceedings of Northwestern European Sequence StratigraphyCongress.

Cui X，Bustin A M M，Bustin R M. 2009. Measurements of gas permeability and diffusivity of tight reservoir rocks：Different approaches and their applications［J］. Geofluids，9（3）：208-223.

Dicker A I，Smits R M. 1988. A practical approach for determining permeability from laboratory pressure-pulse decay measurements［C］. Houston：In SPE International Oil and Gas Conference and Exhibition in China（pp. SPE-17578）. SPE.

Elsaig M，Aminian K，Ameri S et al. 2016. Accurate evaluation of marcellus shale petrophysical properties［C］. Ohio：the SPE Eastern Regional Meeting.

Engelder T. 1993. Stress Regimes in the Lithosphere［M］. Princeton：Princeton University Press.

Evans B，Kohlstedt D L，1995. Rheology of rocks［J］//Ahrens T J. Rock Physics and Phase Relations：A Hand Book of Physical Constants，Ref［M］. Washington：Shelf.

Javadpour F. 2009. Nanopores and apparent permeability of gas flow in mudrocks (shales and siltstone) [J]. Journal of Canadian Petroleum Technology, 48 (8): 16-21.

Javadpour F, Fisher D, Unsworth M. 2007. Nanoscale gas flow in shale gas sediments [J]. Journal of Canadian Petroleum Technology, 46 (10): 55-61.

Jones S C. 1997. A technique for faster pulse- decay permeability measurements in tight rocks [J]. SPE Formation Evaluation, 12 (1): 19-26.

Katz D L, Cornell D, Robayashi R, et al. 1959. Handbook of Natural Gas Engineering [M]. New York: McGraw- Hill Book Co, Inc.

Klinkenberge L J. 1941. The permeability of porous media to liquids and gases [J]. Socar Proceedings, 2 (2): 200-213.

Kztz D L, Cornell D, Kobayashi R, et al. 1959. Water/Hydrocarbon systems [J]. Handbook of Natural Gas Engineering, 6 (2): 189-221.

Lee S T, John R. 1986. A new approximate analytic solution for finite- conductivity vertical fractures [J]. SPE Formation Evaluation, 1 (1): 75-88.

Leeder M R. 1973. Fluviatile fining- upwards cycles and the magnitude of palaeochannels [J]. Geological Magazine, 110 (3): 265-276.

Loyalka S K, Hamoodi S A. 1990. Poiseuille flow of a rarefied gas in a cylindrical tube: Solution of linearized Boltzmann equation [J]. Physics of Fluids A: Fluid Dynamics, 2 (11): 2061-2065.

Newman G H. 1973. Pore- volume compressibility of consolidated, friable, and unconsolidated reservoir rocks under hydrostatic loading [J]. Journal of Petroleum Technology, 25 (2): 129-134.

Sondergeld C H, Newsham K E, Comisky J T, et al. 2010. Petrophysical considerations in evaluating and producing shale gas resources [C]. Beijing: In SPE Unconventional Resources Conference/Gas Technology Symposium (pp. SPE-131768). SPE.

Stalgorova E, Mattar L. 2012. Practical analytical model to simulate production of horizontal wells with branch fractures [C]. Canada: Society of Petroleum Engineers.

Swami V, Clarkson C R, Settari A. 2012. Non- Darcy flow in shale nanopores: do we have a final answer? [C]. Calgary: In SPE Canada Unconventional Resources Conference (pp. SPE-162665). SPE.

Turner M G. 1969. Hubbard. Aanlysis and prediction of minimum flow rate for the continuous removal of liquids from gas wells [J]. Journal of Petroleum Tcehnology, 21 (11): 1475-1482.

Wawersik W, Fairhurst C. 1970. A study of brittle rock fracture in laboratory compression experiments [J]. International Journal of Rock Mechanics and Mining Sciences and Geomechanics Abstracts, 7: 561-575.

Zang A, Stephansson O. 2010. Stress Field of the Earth's Crust [M]. Netherlands: Springer.

Zoback M D, Gorelick S M. 2012. Earthquake triggering and large-scale geologic storage of carbon dioxide [J]. Proceedings of the National Academy of Sciences, 109 (26): 10164-10168.